28天吃出心健康

中国本土化地中海饮食

主　　编　高　键　弭守玲

编　　者　高海荣　秦　晴　张静天　姜立经　林　冰
姚文倩　徐云娣　姚　庆　汪敏俐　沈慧怡
费嘉庆　纪春艳　茅莎莎　陈星池　王新月

菜肴制作、拍摄　秦　晴

插　图　整　理　朱弭悦

复旦大學出版社

内容提要

本书是在国外地中海饮食模式的基础上进行中国本土化改造而成，内容更加符合中国人的饮食习惯，不仅适用于已经罹患心血管疾病的患者，也适用于有心血管疾病风险因素的人群及健康人群，具有较高的实用性。

本书共分5章。前3章讲述地中海饮食的起源、特点、对相关疾病的影响与应用，同时介绍了典型的地中海食谱，让大家了解地中海饮食的主要模式；第四章讲述地中海饮食本土化改造后的28天食谱，并将心血管疾病患者常见的饮食问题通过科普文章来解答，帮助读者更好地理解。

序

《28 天吃出心健康——中国本土化地中海饮食》编写主要依据国外地中海饮食模式以及《中国居民膳食指南(2016 版)》的推荐内容,由复旦大学附属中山医院心血管内科心脏康复团队联合营养科营养师团队历时数月编写而成。

前半部分详细介绍了地中海饮食的主要模式及经中国本土化改造后的 28 天食谱,并且具体到每餐的食谱,细化到每餐中各种食材及调味品的用量、烹饪方法等方面,阐释了本书食谱中各种健康食材的益处,旨在为心血管疾病患者提供精准的、具体的、健康的饮食指导,解决患者关于"吃什么,怎么吃,吃多少"的疑惑。

后半部分包括 20 多篇与饮食相关的科普文章,均来自各位医生在临床实践中遇到的患者关于饮食方面的各种问题,对心血管疾病患者集中关心的饮食方面的误区、疑问进行集中解答,并以科普的形式呈现出来,帮助患者更好地理解与应用。

本书是在国外地中海饮食模式的基础上进行的中国本土化实

践的探索，内容更加符合中国人的饮食习惯，不仅适用于心血管疾病患者，同时也适用于有心血管疾病风险因素的人群及健康人群，具有很好的实用性。希望本书可以让中国人有属于自己的“地中海饮食”，为您的心脏保驾护航！

中国科学院院士

中国医师协会心血管内科医师分会会长

2021年9月

前　言

很多心血管疾病患者对自己的饮食营养很关注。医生在接诊患者时，经常会碰到患者前来咨询日常饮食的相关问题。例如，“我饭量已经很小了，但是体重还是下不去，到底该怎么吃才健康又减重？”“我有高血压、高血脂，油和盐的量该怎么控制？”“得了心脏病还能吃肉吗？”“每天喝一小杯红葡萄酒，可以吗？”等等。

吃什么？怎么吃？吃多少？什么样的饮食结构才是健康的？菜肴怎样做才能减少营养成分的流失？大家有太多太多关于营养的问题。大量研究发现，地中海饮食是一种健康膳食模式，它不仅提供一道道简单的菜肴，而且涵盖了各种健康饮食的因素。如何将地中海膳食改变成适合我们中国人口味的饮食呢？复旦大学附属中山医院心内科心脏康复团队与营养科营养师团队共同将地中海饮食“本土化”，编写了这本书。

本书共分 5 章。前 3 章讲述了地中海饮食的起源、特点、对相关疾病的影响与应用，同时介绍了典型的地中海食谱，让大家了解地中海饮食的主要模式；第四章讲述地中海饮食本土化改造后的 28 天食谱，并将心血管疾病患者常见的饮食问题通过科普文章来解答，帮助读者更好地理解。看完本书，相信读者将对健康饮食更加重视，并且对自己的营养膳食搭配更加了解。

希望本书能够在实际生活中帮助广大读者，指导日常健康饮食。同时欢迎各位读者在阅读本书时，提出宝贵的意见和建议。

高　键　缉守玲

2021 年 9 月

目　录

第一章
地中海饮食的起源和特点

一、地中海饮食的地位

《美国新闻与世界报道》(*U. S. News & World Report*)是一本在世界范围内具有专业影响力的杂志,它每年推出的“世界大学排名”与“美国医院排名”广受关注。为了给世界上不同的饮食进行排名,它每年邀请全美各个大学及研究机构的几十名营养学、糖尿病、心脏病、减重、人类行为等领域的专家,对40多种在全世界流行的饮食方式从营养、安全、短期减重效果、长期减重效果、预防各种慢性疾病、是否易于实践等方面进行评分,遴选出最佳饮食榜单以及8个单项榜单。

饮食榜单的评价标准,主要包括4个方面:①营养充足、安全可靠;②帮助人们预防肥胖;③对预防各种慢性疾病有好处;④比较亲民,不能因为烹饪太麻烦、价格太贵而吃不到。

2019年1月,该杂志一如既往地公布了最佳饮食排名。在所有接受评价的41种饮食方式中,地中海饮食首次独登榜首。2018年,地中海饮食与得舒饮食(DASH,预防高血压饮食方法)并列第一。第3名和第4名分别是弹性素食饮食(The Flexitarian Diet)和体重守护者饮食(Weight Watcher Diet),而健脑饮食(MIND Diet)、治疗型生活方式改变饮食(TLC Diet)和低能量容积饮食

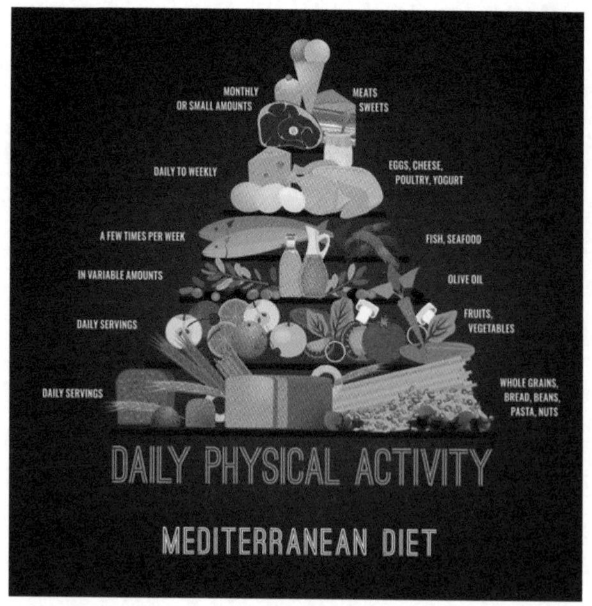

(Volumetrics Diet)并列第5。其他流行的饮食，包括原始饮食(Primitive Diet)和生酮饮食(Keto Diet)，则分别为第33名和第38名。

在2019年的评选中，地中海饮食获得了近乎完美的分数，高达4.9分(满分为5分)。无论是营养学家、饮食顾问，还是医生小组，都给予了地中海饮食最高的评价。除此之外，地中海饮食在单项榜单评选中，还获得了“最容易执行的饮食模式”“最健康的饮食模式”“控制糖尿病和促进心脏健康的最佳饮食模式”的头衔。可见，无论是在健康效应还是在实践性方面，地中海饮食都获得了最高评价。

在美国国立生物技术信息中心(NCBI)的数据库PubMed搜索地中海饮食(Mediterranean diet)，会搜到7 000余篇研究文献，很难找到另外一种饮食模式能与之媲美。

那么,什么是地中海饮食？这种饮食究竟好在哪里？我们中国人能不能吃地中海饮食呢？

二、什么是地中海饮食

提起地中海,会让我们联想起灿烂的阳光、湛蓝的海水、蔚蓝的天空、干净的空气和热情的人民。除了这些,地中海还有闻名遐迩的地中海饮食。简单地说,地中海饮食就是住在地中海周围的人的饮食。地中海(Mediterranean Sea)就是陆地当中的海,以湛蓝海水和度假胜地闻名,是位于欧亚非 3 个大陆之间最大的一块海域,东西长 4 000 多公里、南北宽 1 600 公里。位于地中海区域的国家一共 20 多个。其中欧洲国家 11 个：西班牙、法国、摩纳哥、意大利、希腊、马耳他、斯洛文尼亚、克罗地亚、波斯尼亚、塞尔维亚和阿尔巴尼亚;亚洲国家 6 个：土耳其、叙利亚、塞浦路斯、黎巴嫩、以色列和巴勒斯坦国;非洲国家 5 个：埃及、利比亚、突尼斯、阿尔及利亚和摩洛哥。

但地中海饮食并不是指所有这些国家的饮食。目前一般认为，地中海饮食主要是指希腊、西班牙、法国、意大利南部这4个处于地中海沿岸的南欧国家及地区的饮食模式。这些国家的气候特点是夏季炎热干燥、冬季温暖湿润。这种气候使得夏季阳光充足、冬季降水丰沛，非常适合亚热带蔬菜、水果的生长。该地区盛产柑橘、无花果和葡萄等，并且还有橄榄油的原料——木本油料作物油橄榄的产地。

很早就有一些研究发现，这些国家的人民寿命普遍较长，有史以来就是全球长寿人群之一。根据联合国的统计数据，这些国家的期望寿命都比较高，能达到80岁以上，而且罹患癌症和心脑血管疾病的人数也较少，很多研究发现这种健康效应与他们的饮食模式有关。科学家把这些国家居民的饮食模式加以总结，称之为地中海饮食。当然，各个国家之间还是略有差别的。比如，希腊人橄榄油吃得很多，而意大利南部人的脂肪摄入量则较少。

总体来说，地中海饮食是一种膳食模式。其特征是一种以蔬菜、水果、鱼类、五谷杂粮、豆类和橄榄油为主的饮食搭配模式。它并非一种特殊的饮食计划或饮食过程，也不是几种并列的简单食物，如橄榄油、坚果或红酒，而是一种现代营养学所推荐的膳食模式。

膳食模式，又称为膳食结构、饮食模式或食物模式，是指膳食中各种食物的种类及其在膳食中所占的比重，即以多种形式结合的、人们实际生活所食用的各种食物的组合。它是膳食质量与营养水平的物质基础，也是衡量一个国家和地区农业水平和国民经济发展程度的重要标志之一。人们的膳食模式主要取决于人体对营养素的生理需求，以及生产供应条件决定的提供食物资源的可能，并受人们的饮食习惯、营养健康意识、社会、经济、文化和科学技术发展水平等因素的影响。

目前，常见的膳食模式包括西方膳食模式和传统东方膳食模式。西方膳食模式的特点是谷类过少，动物性食品和甜食占较大

比重，是高能量、高蛋白、高脂肪的“三高”模式，容易导致营养过剩。传统东方膳食模式的特点是以植物性食物为主，但是动物性食物少，优质蛋白不足，盐摄入过高，容易导致多种营养素缺乏。经过几十年的变迁，现在我国城市居民的饮食模式越来越接近西方膳食模式。

与以往关注于单一营养素、食物与疾病关系的研究不同，膳食模式是研究整体膳食对疾病的作用。人们是以混合形式摄入营养素和食物的，所以膳食模式所表现的摄入概念更接近人们的实际生活。只有通盘考虑人们的整体饮食模式，才能最佳地揭示食物和营养素之间的联合作用。因此，膳食模式较单一食物或营养素对疾病发生的风险更具有预测价值。膳食模式也易于被公众理解和促进人们转化为实际的饮食改善行为。地中海饮食应该说就是一种膳食模式。而中国营养学会在《中国居民膳食指南(2016版)》中推出的平衡膳食宝塔也可以看作是一种理想的膳食模式。

医院的营养师经常会遇到这类提问：吃什么更有营养？吃什么能减肥？我得病了，鸡蛋能吃吗？牛奶能吃吗？等等。很多人认为，只要多吃有营养的食物，不吃没营养的食物，就能获得健康。从营养学的角度来讲，要获得良好的营养，不能简单地依靠或避免食用某种或某几种食物，而应该依靠多种多样的食物互相搭配，形成良好的膳食结构，这才是最重要的。营养学里有一句非常著名的话：“没有不好的食物，只有不好的膳食”。营养的好坏不取决于某一种食物，而取决于整体的膳食结构。其实，每一种食物都无所谓“好”或者“坏”，关键是它的数量以及与其他食物的搭配比例。或者说，单独地说食物的“好”或者“坏”都没有太大的意义，必须放到整体的膳食结构中评价才有意义。而地中海饮食告诉我们的是，健康不是只来自于几种特征性的食物，而是来自一种整体膳食模式。

三、地中海饮食的起源

地中海饮食起源于地中海盆地。远古人类文明在这块土地上生根发芽,地中海饮食文化也随之产生。

在地中海岸边,延伸着尼罗河谷。这个河谷区域中拥有着古老而先进的文明遗址和两大著名的河流:底格里斯河和幼发拉底河。这两大河浇灌地区先后孕育出了苏美尔人、亚述人、古巴比伦人以及古波斯人等一系列辉煌的文明。而在地中海区域,克里特人的文明率先崛起,然后出现了腓尼基人和希腊人,直到罗马的新兴力量逐渐显现,使得这块土地变成了介于东方文明和西方文明之间的交汇处。从那时起,地中海地区逐渐演变成不同文明的交流场所。在这里,伴随着历史的车轮滚滚向前,人们的文化、习俗、语言、宗教、思考方式、生活习惯都经历了相当程度的转变。东西方文化在这里不断地冲突、融合,也使得人们的饮食习惯部分融合在一起。

古罗马的饮食方式中,面包、葡萄酒和油类产品是乡村文化的主要元素,辅以羊奶酪、蔬菜(如韭菜、锦葵、生菜、菊苣、蘑菇)和少量的肉。而日耳曼人大部分都是游牧者,他们的生活一直与森林相伴,在森林中狩猎、耕作、采集,而他们的大部分食物也来源于森林。他们在烹饪中大量地使用养殖的猪来提供猪肉和猪油,并在营地周围种植蔬菜和谷物。他们善于酿酒,也喜欢饮酒,在他们的影响下地中海居民学会了用葡萄酿酒。这两种饮食文化的碰撞在一定程度上也产生了融合。地中海饮食的3个特色因素(面包、红酒和橄榄油)被修道院以传教的方式传播到整个欧洲大陆,逐渐被广大欧洲人民所接受。伊斯兰文化也在参与转化和改变地中海饮食的过程中,为地中海饮食引入了一些特殊的食材。例如,蔗糖、

白米、柑橘、茄子、菠菜、香辛料、玫瑰水、橙子、柠檬、杏仁和榴莲等。随着时间的推移，在基督教罗马帝国与日耳曼帝国两种文明的饮食文化的相互碰撞融合下，辅以来自阿拉伯世界的一部分饮食文化，一种独一无二的新饮食模式在地中海南岸落地生根。

欧洲人发现美洲大陆后又引入了土豆、西红柿、玉米、青椒、辣椒和各种豆类。西红柿最初是一种充满异域风情的神秘观赏性水果，后来慢慢地被认识到是可食用的，为当时的菜篮子添加了第一抹红色，在那之后西红柿菜肴也成了地中海饮食的一大特色。

如果说蔬菜处于中心地位是地中海传统饮食中最原始的特征之一，那么谷物的重要性也值得被历史记载。因为谷物是最基础的烹饪食材，谷物提供的饱腹感是对抗日常饥饿、帮助贫困人群减少饥饿和痛苦折磨的有力武器。地中海沿岸国家的人民往往因为各自不同的地理条件，选择食用不同品种的谷物。面包、玉米粥、粗麦粉、意大利面和西班牙烩饭等都是常见的谷物食品。

地中海饮食是一种被广泛认同的具有悠久传统的饮食模式，与地中海文明的生活习惯、历史背景、社会活动、影响范围和自然环境等有着密不可分的关联。在将地中海饮食作为一种非物质文化遗产提交联合国教科文组织的时候，地中海饮食是这样被定义的："是源生于希腊语'diaita'的一种生活方式，一种基于所有技能、社会习俗（大到壮丽的自然风景，小到餐桌上的一刀一叉）的地中海的传统文化，覆盖了整个地中海盆地，包含了风俗、收获、捕鱼、保护、食物加工、食物准备、烹饪和欢乐宴会的一种重要的传统。"

作为一种著名的饮食模式，地中海饮食强调食物的品质以及多样性，并且和发源地的各种文化习俗紧密地连接在一起。它通过一道道简单的菜肴涵盖了各种健康饮食的因素。这是一种保存了地中海地区民族风俗和传统的选择，也是能激发对当地居民身份和文化认同的饮食模式。

最早发现地中海饮食的健康作用的是美国明尼苏达大学生理学和流行病学家安塞尔·基斯教授（Ancel Keys），他第一个提出了心血管疾病与饮食存在紧密联系的理论。在20世纪50年代，安塞尔·基斯教授发现一个神奇但是却不能被当时医学知识解释的现象：意大利南方小镇的贫困的人要比纽约大城市富有的人要健康得多，也比他们早十年间移民到美国的亲戚们要更健康。安塞尔·基斯教授认为，这一现象的发生和当地居民的日常饮食有很大关系。为了证实他的观点，安塞尔·基斯教授将他的研究重点专注于这些人群的饮食上。与此同时，另一项美国洛克菲勒基金会支持的研究对当时希腊人的经济水平、生活方式做了调查。从当时美国人的视角来看，刚刚经历了战争的希腊人生活是"穷困的"。由于没有充足的精致食物和红肉，当地人的饮食以粗粮、根茎类以及

果蔬为主，有少量鱼类和乳制品。制作的时候用丰富的香料来调味，制作方法都很原始，菜几乎就是“泡在橄榄油里”的。按当时的观点，脂肪是导致心血管疾病的罪魁祸首。但神奇的是，希腊人膳食中的总脂肪含量不比美国的少，而希腊人心血管发病率却比美国人低很多。那时候的营养学家还不知道，植物性油脂总的来说比动物性油脂更好。正是对地中海饮食的研究，才促使营养学家将植物性油脂和动物性油脂区别对待。

为了研究饮食摄入与心血管疾病的关系，安塞尔·基斯教授在 1960 年牵头开展了非常著名的“七国研究”。这是一项在芬兰、荷兰、意大利、美国、希腊、日本、南斯拉夫中进行的大样本多中心调查研究。观察了这 7 个有代表性的国家饮食方式和心血管疾病发病率之间的关系。这项研究可以说是营养学历史上一项里程碑式的研究，同时也揭开了饮食控制慢性病研究的序幕。安塞尔·基斯教授当时没有预料到，他的这项研究引领了之后多年的学术风潮，引发了一系列食物（如糖、盐、脂肪、咖啡、牛奶和酒类等）与心血管疾病、癌症、老年痴呆等多种疾病的研究。另一项关注地中海饮食的 HALE 研究得到了更加明显的结果。该研究从 1988 年持续到 2000 年，包括来自欧洲 11 国的共 2 340 名老年人。那些遵循地中海饮食方式和健康生活方式的人（不抽烟、适量饮酒和常规运动）总体死亡风险下降超过 50%。到了 20 世纪 90 年代中期，由美国哈佛大学营养学沃尔特·威利特教授（Walter Willett）的一系列研究进一步总结出地中海饮食的特点：以摄入橄榄油、水果、坚果、蔬菜和谷物为特点，同时适量摄入鱼肉和禽肉，较少摄入奶制品、红肉、加工肉制品、甜食，并随餐适量饮用红酒。

地中海人和美国人在心血管疾病上的重大差异真的是饮食习惯不同造成的吗？营养学家们为了验证这一假说还做了很多其他

的研究。他们需要排除遗传导致心血管疾病的发病率低的因素。为此，研究人员追踪了多年前迁徙到美国的希腊人，他们的后裔已经接受典型的美国式膳食，而这些人的心血管疾病发病率已经与其他美国人没有差别。总之，营养学家想尽一切办法，排除了所有可能的影响因素后，得出结论：地中海人的低心血管疾病的发病率，的的确确与他们的膳食习惯相关。这一系列研究，在营养学领域是绝对的典范。

从安塞尔·基斯教授的研究开始，很多其他的科研人员开始分析饮食习惯和慢性病之间的关系。可以说，经过一系列的研究，大家对地中海饮食模式对人体健康有积极影响的结论产生了广泛的共识。地中海饮食作为一种值得推荐的膳食模式，从此走入全世界人民的视野。

为什么研究人员花费长达50多年，进行了如此多的研究来强调这样一种饮食模式？主要的原因还是很多国家的人民的日常饮食模式逐渐多元化，这一现象已经持续几十年了。与此同时，各种与饮食相关的慢性疾病高发。地中海饮食让人们看到了一种希望，就是可以通过改善不健康膳食习惯来帮助人们减少心血管疾病和其他一些疾病的风险。

2013年12月4日，联合国教科文组织正式将地中海饮食列为西班牙、葡萄牙、希腊、意大利等国家共同拥有的非物质文化遗产，对其予以充分肯定，认为它不仅是这些国家重要的历史和文化产物，也是对世界文明的巨大贡献。

四、地中海饮食金字塔

地中海饮食包括的食物种类多样。有学者总结了地中海饮食，发现其中标志性特点如下（表1-1）。

表 1-1　地中海饮食的标志性特点

食 物 种 类	摄入量
橄榄油	≥4 茶匙/天
坚果	≥3 份/周
新鲜水果	≥3 份/天
蔬菜	≥2 份/天
鱼类(尤其是深海鱼)、海产品	≥3 份/周
豆类	≥3 份/周
Sofrito(西班牙、葡萄牙、意大利常用的一种调味酱)	≥2 份/周
鱼、虾、家禽等白肉	少量食用红肉
葡萄酒(可选,只适用于平常饮酒的人)	5～7 杯/周

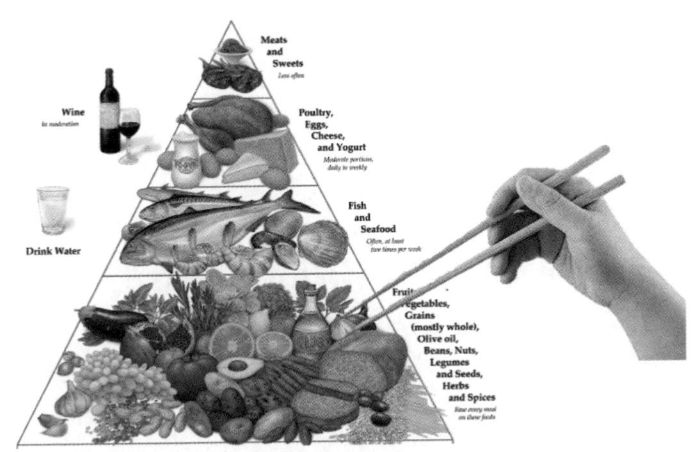

地中海饮食呈金字塔形,塔底是蔬菜、水果、全谷物、豆类、坚果和橄榄油,再往上是鱼、海鲜、禽类、蛋和乳制品,最上面需要限制的是甜食和红肉。

五、地中海饮食的特点

经过多年的深入调查，研究人员总结了地中海饮食的12大特点。

(1) 以本地种植、当季及简单加工的新鲜食物为基础。

(2) 整个膳食中以植物性食物为主。包括谷类、豆类、蔬菜、水果和坚果等。

(3) 主食以全谷类为主。

(4) 食物加工程度低，蔬菜以凉拌为主，很少用高温煎炒。在很大程度上避免了食物营养成分的破坏。

(5) 烹调油主要用橄榄油，很少用动物油。

(6) 脂肪供能占全天饮食供能的25%～35%。其中，来自饱和脂肪酸的能量只占7%～8%。

(7) 每日食用少量且适量的乳制品，主要为奶酪。

(8) 每周食用少量且适量的鱼、禽肉和蛋。一般食用鸡蛋<7个/周，可采用各种烹饪方式。

(9) 每个月仅进食几次红肉。每月总量不超过500 g，以瘦肉为主。

(10) 新鲜水果作为餐后食品，每周进食甜食不超过2次。

(11) 适度饮用葡萄酒，进餐同时饮用，男性每日不超过2杯，女性不超过1杯。

(12) 擅用大蒜、柠檬汁、番茄酱等佐餐烹调，辅以独特香料。

六、地中海饮食的优势

与传统中西餐相比，地中海饮食有7个特别之处。

1. 更多粗杂粮　虽然都是以植物性食物为膳食主体，中餐主食中，精米精面多于粗杂粮，而地中海饮食中粗杂粮(全谷类)多于精米精面，且摄入量低于中餐。同时，地中海饮食中对豆类食物

（如干豆、杂豆等）和豆荚类食物（如荷兰豆、豆角等）的重视程度高于中餐。如此一来，膳食纤维的摄入量得到了有效的提高，既能增加饱腹感，延缓餐后血糖的升高，帮助控制体重，又能促进肠蠕动、松软大便以帮助排便。这样就能减少代谢废物在肠道中的逗留和堆积，降低肠毒素的重吸收，增强肠道免疫屏障，减少结肠癌的发生率。同时，豆类食物中的植物固醇，能够减少胆固醇的吸收，有助于降低心脏病的发病率。

2. 更多白肉，更少红肉，蛋白质摄入适度　地中海饮食中动物性食物的摄入比例比较低，特别是红肉的摄入量很少。红肉，是指猪、牛、羊等畜类的肉。在地中海食谱里一个月可能只吃几次红肉，加起来量不到 500 g。加工过的红肉，如香肠、培根、火腿、熏肉吃得就更少了，基本上都是在重大节日才吃一些。红肉吃得少，从而有效减少了直肠癌和心血管疾病的发生风险。中餐的食肉总量虽不及标准的西餐，但红肉的摄入量却远远高于地中海饮食。在地中海饮食中，蛋白质的主要来源是白肉（如鸡肉、鱼虾等）、蛋、发酵奶制品和豆类，蛋白质摄入量总体适度。

3. 更多摄入健康脂肪　地中海饮食不在于限制总脂肪的摄入，而是对摄入的脂肪类型做出明智选择。地中海饮食通过较多的橄榄油和海鱼摄取了较多的单不饱和脂肪酸和 $\omega-3$ 脂肪酸。这两种被认为是健康的脂肪，可以适当地多摄入。地中海饮食中饱和脂肪和氢化油（反式脂肪酸）都摄入得比较少，而这两者都会增加患心脏病的风险。总的来说，地中海饮食中总脂肪、饱和脂肪、胆固醇的摄入量都低于中西餐，这对心血管的保护意义是显著的。

4. 更多选择新鲜应季蔬果　地中海饮食特别强调新鲜应季蔬果的摄入。烹调方式崇尚自然，不采用高温煎炒、深加工的方式，因此避免了对维生素的破坏，最大限度地保留了食物中抗氧化

营养素的健康作用。同时,地中海饮食中很少有加工类食品,这样也避免了加工类食品带来的盐摄入过多的问题。食盐摄入量远远低于中餐和西餐,避免了对血压的不良影响。

5. 加餐的点心不用甜点　地中海饮食中一般选用健康的加餐食物,如坚果、酸奶、水果,而非西餐和中餐的甜点、糕点等。

6. 更多选择大蒜、洋葱、姜等天然调味品　地中海饮食虽然用盐不多,但同样美味,主要是通过大蒜、洋葱、姜等天然调味品进行调味。

7. 科学、美观助消化　地中海饮食不仅讲究科学,而且在装盘美观上也有要求,讲究不同食物的色彩搭配和协调。在注重摆盘的过程中,让心情放松,不仅赏心悦目,还能促进消化。

总之,地中海饮食被认为是一种更清淡、更营养、更健康的膳

食模式。

七、地中海饮食之食物选择

根据目前已经公布的各种地中海食谱，我们可以看到地中海饮食的食物选择种类非常丰富，具有鲜明的当地特色。在美国营养学家的描述中，地中海饮食可以是家庭自制的，使用番茄酱、豆类、少量帕尔马干酪调味，偶尔添加少量肉类或者鱼类的意大利面；也可以是没有任何涂抹酱汁的全谷类面包和大量的淋着橄榄油的新鲜蔬菜，一周几次的少量肉类或鱼类，总是有新鲜水果作为加餐。

地中海饮食之食物选择，其中一部分与中国人的饮食相同或类似，但也有很多特殊的食物种类和调味品，中国人较少接触。下面罗列来源于 *The New Mediterranean Diet Cookbook*：*A Delicious Alternative for Lifelong Health* 一书食谱中的各种食物。

（一）主食

全麦粉、糙米、大麦、全麦包或皮塔饼。

（二）水果

无花果、苹果、蜜桃、葡萄、橙、梨、油桃、香蕉、蔓越莓、树莓、黑莓、蓝莓。

（三）蔬菜

芦笋、甜菜、球芽甘蓝、白蘑菇、长叶莴苣、紫茄子、羽衣甘蓝、黄瓜、豌豆、四季豆、大葱、生菜、洋葱、甜椒、青葱、菠菜、豆芽、南瓜、番茄和卷心菜。

（四）坚果

扁桃仁、腰果、榛子、夏威夷果、花生、山核桃、松仁、开心果、南瓜子、葵花籽和核桃。

（五）豆类

黑豆、蚕豆、鹰嘴豆、白豆、利马豆、海军豆、斑豆、芸豆、大豆、扁豆、英国豆子、红花菜豆、羊角豆、豌豆和甜荷兰豆。

（六）海鲜

大西洋鲱、鲑鱼（或三文鱼）、沙丁鱼、金枪鱼、大西洋鳕鱼、鳟鱼（淡水鱼）、大西洋鲭鱼、青口贻贝、凤尾鱼（或鳀鱼）、鲶鱼、扇贝、蛤蜊、牡蛎、螃蟹和虾。

（七）奶制品

蓝纹奶酪、酪乳、奶油奶酪、炼乳、低脂白切达奶酪、马苏里拉奶酪、帕尔玛奶酪、佩科里诺干酪（羊乳干酪）、低脂奶酪、里科塔奶酪（乳清奶酪）、酸奶奶酪、蒙特雷杰克奶酪、牛奶和酸奶。

（八）调味品

大蒜、洋葱、生姜、柠檬汁、醋、番茄酱、小茴香、孜然、胡椒粉、丁香、香菜、芥末、辣椒粉、桂皮、罗勒、迷迭香、百里香和欧芹。

八、地中海饮食的特征性食物

地中海饮食的食物选择和组成特点，决定了在这些天然食物中，人们可以获取有益的营养成分，特别是针对保护心血管健康的元素。

（一）橄榄油

橄榄油作为地中海沿岸国家的“特产”，是地中海饮食的标志性特色。在地中海地区居民的餐桌上，几乎都放有一瓶色泽青绿的特级初榨橄榄油。当地居民不管是烤鱼、烤面包、煮意面，还是调拌沙拉，都以橄榄油作为烹调用油，甚至用面包直接蘸食橄榄油。

橄榄油味道有点辛辣，组成橄榄油的脂肪酸中，单不饱和脂肪酸占70%～80%，而其他食用油则含有较多的多不饱和脂肪酸。橄榄油的摄入使得地中海饮食中非饱和脂肪酸与饱和脂肪酸之比达到(1.6～2.0)：1，远高于其他膳食模式。地中海居民以初榨橄榄油形式摄入大量单不饱和脂肪酸。单不饱和脂肪酸具有独特的保健作用，它能降低血清胆固醇、低密度脂蛋白胆固醇(LDL－C)("坏"胆固醇)和三酰甘油(甘油三酯)的含量，同时增加血清高密度脂蛋白胆固醇(HDL－C)("好"胆固醇)的含量，从而减缓动脉粥样硬化，有效预防冠心病。相比之下，多不饱和脂肪酸在降低"坏"胆固醇含量的同时，也降低了"好"胆固醇的含量，保健作用大打折扣。单不饱和脂肪酸还能有效降低冠心病、糖尿病、脑卒中的患病风险，且摄入富含单不饱和脂肪酸的食物可预防老龄带来的认知功能衰退。此外，橄榄油还含有鲨烯、多酚等多种抗氧化成分，具有抗微生物、抗感染、抗血栓形成、抗肿瘤等功效。橄榄油中鲨烯含量为136～708 mg/100 g。鲨烯能与体内过多的氧分子结合、消除过剩氧自由基、增强心脏功能、扩张血管、抑制血小板在血管壁上的聚集、防止血栓形成，从而对抗动脉粥样硬化和抑制动脉粥样硬化的进展，预防冠心病的发生。橄榄油中的多酚类物质具有抑制低密度脂蛋白氧化、抗感染、维持正常血压，以及维持上呼吸道健康、抗癌等功效。降低氧化的低密度脂蛋白非常有意义，因为它是形成动脉粥样硬化的主要作用因子。

事实上，橄榄油能成为目前风靡全世界的食物油，是因为科学家观察到地中海饮食对心血管疾病特别有好处，推测可能是橄榄油在起作用，而进一步的研究也证实了这一点。

(二) 海鱼

地中海海域盛产沙丁鱼，沙丁鱼肉中含有丰富的ω－3脂肪酸，有助于降低血液黏稠度和血压，保持正常的心律。除此之外，

地中海居民还喜欢吃金枪鱼、鲱鱼、三文鱼等深海鱼。鱼肉中含有优质蛋白质,所含饱和脂肪酸较少,不饱和脂肪酸多,多吃海鱼对预防血脂紊乱和心血管疾病有益。科学研究发现,如果人体摄入较多的 ω-3 脂肪酸,能够降低心脏病的发病风险和预防猝死,对关节炎、抑郁症等疾病的发生也有很好的控制作用。含有类似营养的贝壳类海鲜有蚌、蛤等。这些也是地中海居民经常食用的。

海鱼的脂肪和橄榄油共同改善了地中海居民脂肪供能结构和比例,这种比例更加健康,可以通过调节血脂、减少血小板黏附、改善血管内皮功能、减轻炎症等途径对心血管产生保护效应。

(三) 坚果、种子、豆类

地中海居民常把扁桃仁、腰果、核桃和开心果当作小吃。坚果是健康脂肪、蛋白质和膳食纤维的重要来源。它们丰富了地中海菜肴的美味与口感。坚果类食物能量很高,地中海居民每天吃坚果一般限制在一把,而且一般吃原味不加盐的坚果,很少食用经糖

渍、蜜烤、盐焗的坚果。

豆类能缓慢、平稳地把糖分释放到血液中，从而避免血糖水平上升过快。每天摄取 25 g 豆类蛋白，可降低血液中的胆固醇和三酰甘油的含量，如果再配合低胆固醇和低饱和脂肪饮食，则可降低心脏病的发病率。豆类还可以提供丰富的植物蛋白和大豆异黄酮。大豆蛋白作为一种植物蛋白对脂质和脂蛋白具有调节作用，而大豆异黄酮则对心血管疾病具有保护效应。

（四）新鲜的蔬菜、水果

喜欢吃大量的蔬菜、水果是地中海居民的一个好习惯。新鲜的蔬菜、水果中含有丰富的抗氧化成分，包括维生素 A、维生素 C、维生素 E 和原花青素等。研究表明，血液中的维生素 C 含量与心血管疾病呈显著负相关。蔬菜、水果可以给人提供充足的矿物质、维生素和膳食纤维，提高免疫力，降低肥胖、癌症、糖尿病、高血压等慢性疾病的风险。薯类食物可以防止便秘，维护肠道健康。

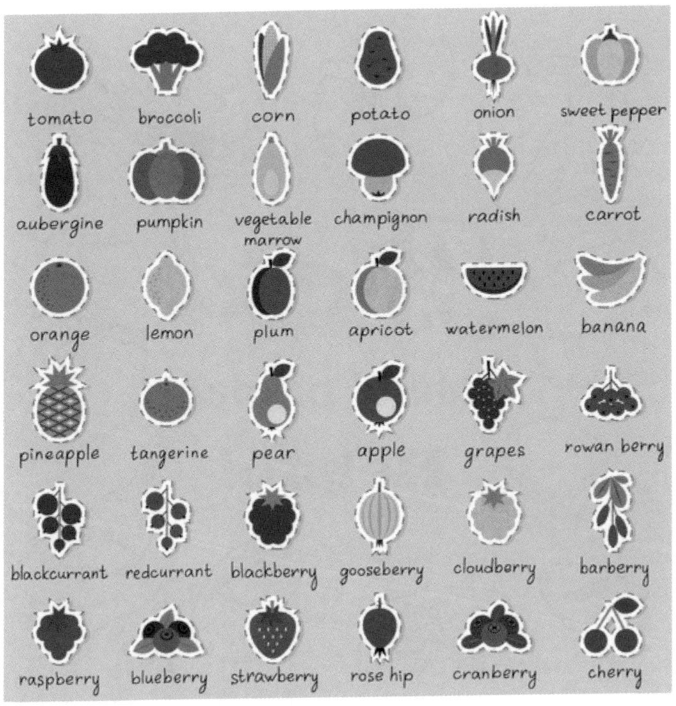

新鲜蔬菜还是酚类和植物甾醇类的主要来源。酚类是重要的心脏保护活性物质。地中海饮食中含有谷甾醇、油菜甾醇和豆甾醇等多种植物甾醇。植物甾醇与动物性食物中的胆固醇具有化学相关性和结构相似性，可以与胆固醇竞争结合受体，降低肠道胆固醇溶解度，从而抑制胆固醇在肠道的吸收，降低血胆固醇和低密度脂蛋白胆固醇的浓度。

（五）全谷类食物

全谷类食物提供丰富的维生素、矿物质及膳食纤维。全谷类食物中的镁、叶酸等，均对心血管有益。特别是叶酸缺乏可导致高同型半胱氨酸血症，后者为血脂紊乱和高血压的独立风险因子。

同时，全谷类食物还含有丰富的膳食纤维，对于增加饱腹感、帮助控制体重、促进排便、增加肠道免疫屏障功能等均有益处。

地中海饮食也是一个以糖类(碳水化合物)为主要供能模式的饮食。主食以全谷物为主，几乎没有精米白面。相比精米白面，全谷物有更低的升糖指数及更丰富的蛋白质、膳食纤维、维生素和矿物质，可以起到更好的疾病预防作用。大量全谷类食物和蔬菜、水果，使得地中海饮食每天膳食纤维的摄入量达到 41～62 g，远高于世界卫生组织(WHO)推荐的每天 30 g 的摄入标准。很多研究表明，高膳食纤维饮食可以降低心血管疾病风险，其机制与高膳食纤维对脂蛋白水平的调节有关。

（六）乳制品

乳制品富含蛋白质、乳清蛋白、维生素 D 和磷、镁等，可减轻体重，降低心血管疾病发生风险。饮食中钙摄入不足会导致钙离子内流，细胞内钙离子增多，导致脂肪生成增多及脂肪裂解抑制，脂质聚集、肥胖。高钙饮食能促进脂肪裂解、脂质氧化，从而减轻体重。乳清蛋白能产生大量生物活性物质，如血管紧张素转换酶抑制剂及支链氨基酸等，它们与钙有协同作用，使钙加速脂肪消耗的能力提高。维生素 D 可提高胰岛素的敏感性及稳定血糖水平。

（七）红酒

地中海居民喜饮葡萄酒，但不酗酒，一般每次仅为 35～50 mL。

很多研究发现,少量饮酒可以降低患心血管疾病风险。随餐适量饮酒,有一定的降血脂和降血压的作用。饮酒量与高血压、糖尿病、充血性心力衰竭及心肌梗死的发生率呈"U"形关系,也就是说"适度饮酒"的人不仅比酗酒的人患心血管疾病风险低,比完全不喝酒的人也要低。而葡萄酒尤其是红葡萄酒的效果似乎更为明显。对饮酒的机制的研究发现,酒类可提高红细胞谷胱甘肽水平,从而提高机体的抗氧化能力。红酒含有较多的白藜芦醇、花青素、黄烷醇、五倍子酸等多酚类植物化学物质。红酒中的白藜芦醇是一种抗衰老酶成分的激活剂,对寿命延长、细胞凋亡起着调控作用,还可降低血液中的"坏胆固醇"和血脂的含量,从而减少患动脉粥样硬化和心脏病风险。白藜芦醇在红、绿葡萄中均有,但红葡萄中含量更高。红酒中来源于葡萄的多酚类物质具有抗氧化活性,还可抑制低密度脂蛋白(LDL)氧化,增加血管内皮细胞一氧化氮合酶的活性,通过一氧化氮介导血管扩张、抗凝及抗血管平滑肌细胞增殖作用。

有研究发现,与不喝酒的人相比,酗酒的人群中患心血管疾病和死于心脏病的比例都大大增加。酒精已经被证明是明确的致癌物质,WHO下属的癌症研究机构(WCRF)2017年的报告中指出,

酒精摄入每天超过 30 g，可增加发生咽癌、喉癌、食管癌、结直肠癌、乳腺癌的风险。酒类能量较高，长期过多摄入会使食欲下降、食物摄入量减少，引发多种营养素缺乏、酒精性脂肪肝，还会增加肥胖及发生高血压、糖尿病和心血管疾病的风险。在一个人身上，红酒究竟发挥好的作用，还是坏的作用，其实很难知道。很多专家认为，“适量”是饮酒产生有利效果的关键。

医学界曾经流传过“法国悖论”。意思是说，法国人酷爱鹅肝、奶酪等高脂肪食物，但心血管疾病却低于美国等其他西方国家，其原因可能是法国人爱喝红葡萄酒。法国是世界上最大的葡萄酒生产国，法国人也有在吃饭时喝葡萄酒的习惯。与其他国家不同的是，多数法国人并不是集中在周末暴饮，而是每天少量地喝。每年每个法国人平均喝葡萄酒＞40 L，平均每天大约 120 mL，差不多一杯。可能是由于葡萄酒减轻了动脉粥样硬化症状，减少了心脏病发病率。1991 年，美国一家电视台介绍了“法国悖论”之后，葡萄酒在美国成了“健康食品”，销量上升了 44％。

对于这样说法，最近也产生了质疑之声。很多科学家认为，饮酒也不一定是法国人更少患心脏病的原因，而是和其他因素伴随的现象。为了解释这一现象，科学家提出了以下两种可能的解释：①人群的社会经济状况在起作用。一个人是否有喝酒尤其是喝葡萄酒的习惯，除了个人爱好之外，往往受到经济状况的影响。比如，不喝酒的人群中，会有相当一部分人是因为贫穷而买不起酒。这一部分人的生活条件、医疗卫生保障可能比日常喝酒的人要差一些。其实是生活条件的差异导致了疾病以及死亡率的差异，喝不喝酒和疾病的发生率只是生活条件的一种表现，而不是疾病发生的原因。②喝不喝酒所伴随的生活方式起的作用。调查显示，喝葡萄酒的效果比喝白酒和啤酒更“显著”，一般认为葡萄酒中的抗氧化剂有很好的“保健作用”。但是丹麦的一项大规模调查则发现情况不一定如此。他们统计了超市中购买葡萄酒和啤酒的人同时购买的其他食物，发现总体来说购买葡萄酒的人购买的蔬菜、水果、低脂食物等“健康饮食”的比例要高于购买啤酒的人。也就是说，喝葡萄酒的人摄入的蔬菜、水果比喝啤酒的人多，而有充分的证据证实蔬菜、水果对于降低慢性疾病的发生有一定的帮助。

红酒是否真的是地中海饮食健康的来源之一，还存在很多争议，需要进一步的研究。

（八）香料

品尝过地中海饮食的人会发现，这种饮食常用大蒜、洋葱、姜、罗勒、迷迭香、百里香、欧芹等天然的香辛料调味，而不是用盐、酱油、豆瓣酱、沙茶酱等工业酱料。

香料的运用可以改善食物色香味，同时减少烹饪中油盐的用量，使菜肴变得清淡健康。同时，香料本身富含广谱抗氧化营养物质。添加各种各样的香料是地中海美食的一大特色。地中海人也喜欢在烹调时加入大蒜，常吃大蒜有助于减少高血压发病风险，还有助于降低胆固醇水平和血液黏稠度，而高血压、高胆固醇和高血黏度正是诱发心脏病的三大元凶。

九、地中海饮食评分

地中海饮食评分是用于评价饮食习惯是否更接近地中海饮食的一种方法。目前，关于地中海饮食与多种疾病的研究，都采用这种标准给饮食打分。根据地中海饮食中的 9 种膳食组成因素进行评分。0 分代表最差，9 分最好。分数越高，代表饮食越接近地中海饮食。但是这个评分系统主要用于科研，个人用于评价自己的饮食是否符合地中海饮食并不适合（表 1－2）。

表 1－2　地中海饮食评分（MDS）

<table>
<tr><th colspan="2">项目</th><th>描述</th><th>得分</th></tr>
<tr><td rowspan="7">保护性项目
（7 个）</td><td>水果</td><td rowspan="7">1 分：保护性项目摄入量达到或高于同性别中位数
0 分：保护性项目摄入量低于同性别中位数</td><td>0～1</td></tr>
<tr><td>坚果</td><td>0～1</td></tr>
<tr><td>蔬菜</td><td>0～1</td></tr>
<tr><td>豆类</td><td>0～1</td></tr>
<tr><td>谷物</td><td>0～1</td></tr>
<tr><td>鱼</td><td>0～1</td></tr>
<tr><td>高不饱和与饱和脂肪酸摄入比</td><td>0～1</td></tr>
<tr><td colspan="2">肉、蛋、奶制品</td><td>1 分：摄入量低于同性别中位数
0 分：摄入量达到或高于同性别中位数</td><td>0～1</td></tr>
<tr><td colspan="2">酒精</td><td>1 分：女性 5～25 g/d，
男性 10～50 g/d</td><td>0～1</td></tr>
<tr><td colspan="4" align="right">合计（0～9）</td></tr>
</table>

随后，科学家又开发出一种适合个人进行地中海饮食评价的标准，一种简易 14 项积分系统。它可以评价人们的饮食够不够

“地中海”，满足一条积1分，积分越高越符合地中海饮食，即饮食积分越高，心血管疾病发病风险越低。

（1）使用橄榄油作为主要食用油。

（2）每天食用>4勺橄榄油（包括凉拌、炒菜）。

（3）每天食用>2份蔬菜（1份为200 g）。

（4）每天食用>3份水果（1份为200 g）。

（5）每天食用<1份红肉（包括香肠、汉堡、肉馅）。

（6）每天食用<1份黄油或奶油（1份为12 g）。

（7）每天食用<1次的甜食或含糖饮料。

（8）每天1杯红酒（100～200 mL）。

（9）每周食用>3份豆类（1份为150 g）。

（10）每周食用3份鱼类或海鲜（鱼1份为100～150 g，海鲜1份为200 g）。

（11）每周食用<3次外卖甜点（包括糕点、饼干和布丁等）。

（12）每周食用>3次坚果（包括花生）（1份为30 g）。

（13）在选择肉类的时候优选鸡肉、火鸡肉，而不是牛肉、猪肉。

（14）每周食用>2次的西红柿、蔬菜和橄榄油酱汁。

也可以把“地中海饮食金字塔”或者14条贴在冰箱上，每天做饭或者吃东西时问问自己，今天进食地中海饮食了吗？

十、地中海饮食是一种健康生活方式

地中海地区以湛蓝的海水、美酒美食以及善于享受生活的人民闻名于世。地中海饮食的种种好处，不仅来自健康的食物，更来自健康的生活方式。地中海饮食所带来的健康裨益，绝不是其中某一类或某一种食物产生的，而是所有食物的综合效应，外加当地居民喜爱运动，多晒太阳，拥有良好心态的产物。

地中海居民爱锻炼。传统的地中海人口中很多人都有经常锻炼的习惯，有助于消耗能量，预防超重和肥胖。有规律的体力活动或运动可以减轻体重，减少体内脂肪含量，提高机体对葡萄糖的利用能力，降低血胰岛素水平，提高胰岛素敏感性，对于预防2型糖尿病和相关并发症非常重要。调查显示，地中海居民一般每天至少进行轻、中度有氧运动30～60分钟，每周不少于4～5次。

科学家也常常指出，如果仅仅吃了某些特定的食物，比如橄榄油或红酒，而不改进其他不良的生活方式以及其他致病的风险因素，地中海饮食本身并不能产生以上列出的一系列对健康有益的功效。事实上，像缺血性心脏疾病，不健康的饮食不是唯一的风险因素。其他风险因素，例如缺少适量的体力活动、过量摄入能量、同时患有其他代谢性疾病（如糖尿病、肥胖）、压力过大、吸烟、血液中高半胱氨酸和三酰甘油浓度过高，都在疾病的发展中扮演着非常重要的角色。美国的研究人员相信，居住在工业化国家的更多

久坐不动的人群采用地中海饮食模式可能不会发挥相同的效益，除非健康的饮食与常规的身体活动相结合。

为了预防心脏病发作，遵循一种健康的、营养平衡的饮食（比如地中海饮食），同时保持一种健康的生活习惯也是非常有必要的。2007 年，美国国立健康研究所的一项研究指出，保持中等强度的体力活动有助于减少心血管疾病的病死率。事实上，体力活动能帮助减少如高血压、胰岛素抵抗、高三酰甘油血症、高密度脂蛋白含量低、肥胖等心血管疾病风险因素。日常的运动锻炼配合适合的营养摄入更能有效地减少血液中低密度脂蛋白的含量。体力活动对缓解动脉粥样硬化有着不错的效果，增强了心肌的功能、血管扩张能力和肌肉张力，并减少了机体炎症应激反应。

体力活动包括职业劳动、娱乐中的体力活动以及有计划的体育运动。标准的体育运动为中等强度，每天至少 30 分钟。如果强度逐渐增加，时间延长到 1 小时，则效果会更好。运动的方式应以全身大肌肉和关节参与的动力性运动为主，如慢跑、快走、游泳、骑车、跳舞、球类运动和家务活动等。中等强度运动的能量消耗约为 5 个代谢当量（metabolic equivalents，MET），相当于每小时快步行走 5 km 的速度。尽量避免闲暇时间的静坐活动，如看电视和玩电脑游戏等。对于大部分成年人来说，相当于快走 30～60 分钟的每天中等体力活动可以最大限度地降低患心血管疾病的风险。儿童和青少年（6～17 岁）每天也应进行 1 小时或更长时间的体育锻炼。

地中海居民爱晒太阳。地中海居民大部分是白种人，但却以“黑”为美，喜欢在阳光下运动，喜欢晒日光浴。研究表明，晒太阳可以使身体内的维生素 D 活化，维生素 D 可以促进钙的吸收利用，这些都利于骨骼健康。

地中海居民还有良好的心态，普遍具有幽默、宽容的性格特

征。积极的心态像太阳，照到哪里哪里亮；消极的心态像月亮，初一、十五不一样。心态可以使天堂变成地狱，也可以使地狱变成天堂，天堂与地狱由心造。

地中海居民相信一句老话："幽默是生活波涛中的救生圈"。如果在困难中懂得幽默，就会调节生活，应付各种尴尬局面，缓解压力，用轻松愉悦向上的好心情去面对磨难。幽默能使紧张的心理放松，释放被压抑的情绪，摆脱窘困场面，缓和气氛，减轻焦虑和忧愁，避免过强的刺激，从而起到心理保健的作用。

地中海居民的文化里强调"感恩"。地中海居民在历史上长期务农，对于大自然与天地，总是抱着一份尊崇和感恩的心。这种珍惜和感恩，也让人们能够保持平和的心态，远离各种慢性疾病和心理疾病。地中海居民也崇尚宽容。宽容不仅是人类长期公认的一种美德，更重要的是这种平和的生活态度会给健康带来很大的益处。宽容是心理健康的"维生素"，不仅能带来平静和安定，而且对赢得友谊、保持家庭和睦以及事业顺利是必不可少的。

总之，地中海饮食不仅仅是某些特定的食物，更是一种健康的生活方式，它蕴含着丰富的知识和风俗习惯，教会我们如何选择食物、如何烹调，教会我们保持愉快的心情、辅以适当的运动和休息。

第二章
地中海饮食对疾病影响的科学证据

很多国家对地中海饮食感兴趣，也做了很多地中海饮食与疾病关系的研究。地中海饮食到底好不好，观察到的那些地中海饮食的健康效应到底是不是真的，还需要靠证据说话。

大量研究数据表明，地中海地区独特的传统饮食习惯和生活方式降低了很多慢性病的发病率和病死率，并延长了寿命。最近10年，关于地中海饮食对多种疾病影响的研究报道层出不穷。

一、心血管疾病

心血管疾病在全球造成了严重的疾病负担，是全球性公共卫生问题。随着生活方式的改变和城市化进程的不断发展，心血管疾病已经成为我国重大的健康问题。《中国心血管疾病报告2018》显示，中国心血管疾病患病率及病死率仍处于上升阶段。推算心血管疾病现患人数2.9亿。其中，脑卒中1 300万，冠心病1 100万，肺源性心脏病500万，心力衰竭450万，风湿性心脏病250万，先天性心脏病200万，高血压2.45亿。心血管疾病死亡

占居民疾病死亡构成 40%以上，居首位，高于肿瘤及其他疾病。为控制或减少风险因素，预防心血管事件，降低发病率，心血管疾病的一级预防受到越来越多的关注。研究显示，包括高血压、高胆固醇血症、糖尿病、腹型肥胖在内的多种风险因素是心血管疾病高发的主要原因，合理膳食是控制上述风险因素的重要手段。目前，多数指南推荐的饮食目标一般为：低盐、低脂、富含水果和蔬菜。

以“Lyon 饮食心脏研究”为代表的多项研究表明，健康饮食可有效降低冠状动脉粥样硬化、血栓形成以及猝死和心力衰竭等致命性并发症的风险，改善冠心病患者的生存情况，因而是冠心病患者二级预防的有效饮食方式。

2013 年 4 月发表在《新英格兰医学杂志》(*The New England Journal of Medicine*)的《地中海饮食对心血管疾病的一级预防(PREDIMED)试验》一文提出了新的观点，为心血管疾病的一级预防提供了新思路。PREDIMED 试验旨在通过随机化、前瞻性研究，明确地中海饮食在心血管事件一级预防中的作用。该试验在西班牙进行，共入选 7 447 名具有 2 型糖尿病、吸烟或肥胖等高危因素但无心血管疾病的人群，比较地中海饮食与低脂饮食，究竟哪一个更好？入组的患者按 1∶1∶1 分成 3 组，2 组分别采取地中海膳食辅以特级初榨橄榄油和地中海膳食辅以坚果(一组 1 周能领到 1 L 特级初榨橄榄油，另一组 1 周每天能领到每份 30 g 的混合坚果)，对照组采取低脂膳食。主要结局为心肌梗死、脑卒中和心血管疾病死亡的复合结局。研究结果表明，地中海饮食比单纯的低脂饮食出现心血管事件风险降低了 30%。从此，地中海饮食对心血管疾病的益处受到越来越多的关注，使得传统的低脂饮食观念受到了挑战。基于这个研究，后陆续有 260 余篇文章发表，同样发现采用地中海饮食与多种心血管疾病风险因素改善相关，如代谢综合征以及以血糖、血脂、血压、体重、腰围为指标。

2018 年，由于该临床试验的随机化过程出现了问题而被质疑，研究者撤回了 2013 年稿件并重新分析数据。在 2018 年 6 月 21 日出版的《新英格兰医学杂志》上，重新发表了 PREDIMED 试验的结果，在更严格的统计方法之下，地中海饮食依然表现出对心血管的保护作用。分析结果发现，与低脂膳食组相比，地中海饮食辅以特级初榨橄榄油组和地中海饮食辅以坚果组的复合心血管疾病结局分别下降 31%和 28%，与 2013 年的研究结果相近。

加拿大麦克马斯特大学 2009 年一项研究发现，地中海饮食能够保护心脏。研究者对 1950—2007 年美国、欧洲和亚洲的多项研究进行了回顾分析。研究者基于 4 项标准(强度、时间、特异性和一致性)对入组研究进行病因评分。结果显示，心血管疾病的强保护因素包括蔬菜、坚果、地中海饮食；风险因素包括反式脂肪酸、饱和脂肪酸、高生糖指数、血糖负荷食物和西式快餐；中度保护因素包括鱼、ω-3 脂肪酸、叶酸、全谷类、粗膳食的维生素 E 和维生素 C、β-胡萝卜素、水果和膳食纤维；证据有限的保护因素包括维生素 E 和维生素 C、多不饱和脂肪酸、亚麻酸、肉、鸡蛋和牛奶。在随机试验中，仅地中海饮食模式对心血管疾病的保护作用得到验证。

一项发表于 2014 年关于地中海饮食与心血管疾病的系统评价，通过 PubMed 医学文献数据库系统检索地中海饮食与心血管疾病关系研究。共检索出了 37 项高质量研究：14 项与肥胖相关，10 项与心血管疾病相关，9 项与代谢综合征相关，4 项与 2 型糖尿病相关。经过对这些研究的汇总分析，该系统评价认为，已经有强有力的证据支持地中海饮食与降低心血管疾病风险的发生率之间存在关联。这一科学证据表明，地中海饮食应在针对一般人群的心血管疾病预防策略中发挥更大的作用。

2016 年 4 月发表在《美国医学杂志》(*American Journal of Medicine*)的一项随机对照临床试验认为，同时坚持 1 年的时间，与低脂饮食模式相比，地中海饮食具有更好的减轻体重、改善心脏健康的作用。

2016 年发表的另一篇系统评价共纳入 6 项研究，共有 10 950 名参与者。结果显示，遵循传统的地中海饮食可降低心血管疾病发生风险和病死率 10%，并且可降低心血管疾病风险因素。该研究显示，地中海饮食可降低超敏 C 反应蛋白、白细胞介素 6(IL - 6)及内皮黏附分子- 1 水平，而这些血液中的细胞因子都与心血管疾病发病有关。

英国是非地中海国家，但是很关注地中海饮食与英国人心血管疾病发病率和病死率之间的关系，他们在 2016 年发表了一项前瞻队列研究(EPIC-Norfolk 研究)，观察地中海饮食对英国人健康的影响。该研究使用食物频率问卷评估 23 902 名英国人在 1993—2000 年的习惯性饮食，并对这些英国人的饮食进行地中海饮食评分，发现那些更符合地中海饮食方式的人心血管事件和死亡风险分别下降了 5%和 9%。可以认为，采用地中海饮食方式与英国的心血管疾病发病率和病死率降低有关。这种饮食对预防心血管疾病具有重要的人群健康影响。这项研究说明，地中海饮食不仅对地中海沿岸的人民有效，对非地中海国家的人，如英国人，也是有效的。

澳大利亚人也想尝试地中海饮食。2017 年 7 月，来自澳大利亚的研究人员在《营养杂志》(*The Journal of Nutrition*)上发表了针对澳大利亚人群的为期 6 个月的平行、随机、对照的饮食干预试验。结果发现，坚持 6 个月的地中海饮食，可以明显降低年龄较大的澳大利亚人的三酰甘油和氧化应激水平，可能有助于降低澳大利亚人患心血管疾病风险因素。澳大利亚墨尔本莫纳什大学林顿·哈里斯博士的研究也发现，在澳大利亚，地中海地区出生的移民比澳大利亚本土出生的人心脏病病死率低。这促使他们调查

不同来源地人群的饮食类型与心脏病病死率之间的关系。研究证实，最多遵循传统地中海饮食者，比最少遵循地中海饮食者死于心血管疾病的风险降低30%。

2018年12月，在著名的《美国医学会杂志》(*The Journal of the American Medical Association*, *JAMA*)中对近26 000名女性进行的一项研究表明，与选择其他饮食模式的人相比，那些选择地中海饮食模式的人患心脏病的风险降低了28%，这可能与这种饮食有助于降低炎症反应，改善胰岛素功能，并降低体质指数(BMI)有关。

2018年《美国医学会杂志-网络开放》(*JAMA Network Open*)研究报道，来自美国顶级医学中心——哈佛医学院附属布莱根妇女医院的科学家们通过研究揭示地中海饮食能有效降低人群心血管疾病的发病风险。这项研究中，研究人员对参与"妇女健康研究计划"的2.5万名健康女性参与者进行研究。研究人员让参与者完成了与饮食相关的食物摄入调查问卷、让参与者提供血样来检测相应的生物学标志物，同时研究人员对参与者随访时间长达12年。这项研究分析的主要结果是参与者心血管疾病的发生率，即心脏病发作、脑卒中(中风)、冠状动脉重建和心血管疾病死亡发生的首次事件。结果发现，当摄入的饮食接近地中海饮食(富含植物和橄榄油以及低水平的肉类和甜食)时，人群患心血管疾病的风险降低25%，与他汀类降脂药物或其他预防性药物的疗效相似。此外，研究人员通过分析含有40种生物标志物的检测盘，阐明地中海饮食减缓人群心脏病和脑卒中的发生风险，这些生物标志物是诱发心脏病的特殊生物学因素。研究人员表示，已知的心血管疾病风险因素适度变化(特别是与炎症、葡萄糖代谢和胰岛素耐受性相关的风险因素)有助于促进地中海饮食对心血管疾病风险的长期效益。相关研究结果或对于心血管疾病的一级预防产生重要的影响。

研究发现，地中海饮食联合他汀类药物可协同降低心血管疾病患者死亡风险。2018年，发表在《国际心脏病学杂志》的一项意大利研究提示，既往有心脏病发作或脑卒中病史的患者，单用他汀类药物并不会降低死亡风险，但在用他汀类药物的同时遵循地中海饮食模式，死亡风险尤其是心血管疾病死亡风险显著降低。这项名为Molisani的研究纳入1180例成年受试者，受试者平均年龄67.7岁，既往均有心血管疾病，中位随访7.9年。多因素分析显示，地中海饮食评分每增加2分，全因死亡、心血管疾病和脑血管疾病死亡风险依次降低16%、23%和30%。研究指出，地中海饮食与他汀类药物治疗存在协同效应，作用机制可能不是促进他汀类药物的降胆固醇作用，而是协同减轻全身炎症作用。研究认为，我们应该更关注食物和药物之间的相互作用。一旦该研究结果被临床随机对照研究证实，心血管疾病患者可能拥有新的治疗模式，即根据生活习惯更好地调整药物治疗，这是一种个体化治疗的新思维。

2018年，美国心脏协会(American Heart Association，AHA)已经将地中海饮食列入《心血管疾病防治指南》并加以推荐。地中海饮食对于心血管事件发生风险可降低30%。

二、代谢综合征

代谢综合征是多种代谢成分异常聚集的病理状态，是一组复杂的代谢紊乱综合征，以腹型肥胖、高血糖、胰岛素抵抗、高三酰甘油血症、低高密度脂蛋白血症和高血压为特征。代谢综合征患者，发生2型糖尿病、心血管疾病和动脉粥样硬化的风险增高。地中海饮食与西餐最大的区别在于饱和脂肪酸及胆固醇含量低、膳食纤维高，且富含单不饱和脂肪酸。临床上发现这种膳食可明显降

低血清总胆固醇、低密度脂蛋白胆固醇（“坏”胆固醇）。

地中海饮食是目前公认的可改善代谢综合征、有利于减轻体重和减少腹部脂肪堆积的最佳饮食结构。很多研究表明，相比于其他普通的饮食模式，以地中海饮食为主体，辅以初级橄榄油或者坚果为补充物的饮食模式，能明显降低代谢综合征患者的疾病情况。荟萃分析结果显示，地中海饮食依从性高者可降低代谢综合征发生风险。具体包括改善胰岛素抵抗，降低血糖、血压，改善血脂，控制体重。

2011 年发表的一项汇总分析，共入选 6 项比较地中海饮食和低脂饮食的前瞻性研究，纳入 2 650 名患者。2 年的随访发现，地中海饮食组在体重、体质指数、收缩压、舒张压、血糖、总胆固醇和高敏 C 反应蛋白方面的改善显著优于低脂组。另一项包含 50 项研究、534 906 名患者的汇总分析的结果与上述类似。该分析结果表明，地中海饮食可以使代谢综合征的发生风险降低 31%。其中，腰围、高密度脂蛋白、三酰甘油、收缩压和舒张压、血糖等指标都有显著改善。

2014 年，一篇发表在《加拿大医学杂志》(*Canadian Medical Association Journal*)的研究报道中，来自西班牙的科学家对 55～80 岁具有较高风险的男性和女性进行分析。研究发现，地中海饮食外加初级橄榄油或坚果的饮食方式可以帮助代谢综合征患者逆转病情发展。

三、糖尿病

世界上很多地区的 2 型糖尿病患病率均不断增高。超重及肥胖是糖尿病的主要风险因素。大量的研究表明，地中海饮食对 2 型糖尿病具有保护作用。地中海饮食中大量摄入的蔬菜、水果、豆类、坚果、鱼、谷类和橄榄油，可提供大量膳食纤维、抗氧化营养素、镁和单不饱和脂肪酸。这些营养素对预防肥胖、减轻胰岛素抵抗和胰岛 β 细胞功能障碍很有帮助。

地中海饮食中主食以全谷类为主，富含蔬菜、水果等植物性食物，属于低血糖指数和低血糖负荷的饮食。血糖指数(GI)和血糖负荷(GL)都是反应食物升高血糖水平的能力的指标。长期食用高 GI 和高 GL 食物可增加胰岛素需求，促进胰岛素抵抗，损害胰岛 β 细胞功能，最终导致 2 型糖尿病。

多项队列研究显示，以水果、蔬菜摄入量较高为特点的健康饮食模式可降低糖尿病的发病风险。有 3 项前瞻性研究及 1 项干预研究表明，坚持地中海饮食可降低糖尿病的发病风险。另有研究发现，与标准治疗或低脂饮食相比，地中海饮食能将糖化血红蛋白降至 5%。

2006 年发表的 GISSI-Prevenzione 研究，入选 8 291 例近期有心肌梗死病史的印度患者，对其随访 3.5 年。结果发现，地中海饮食可使糖尿病发病风险下降 35%。同年发表的另一项研究对

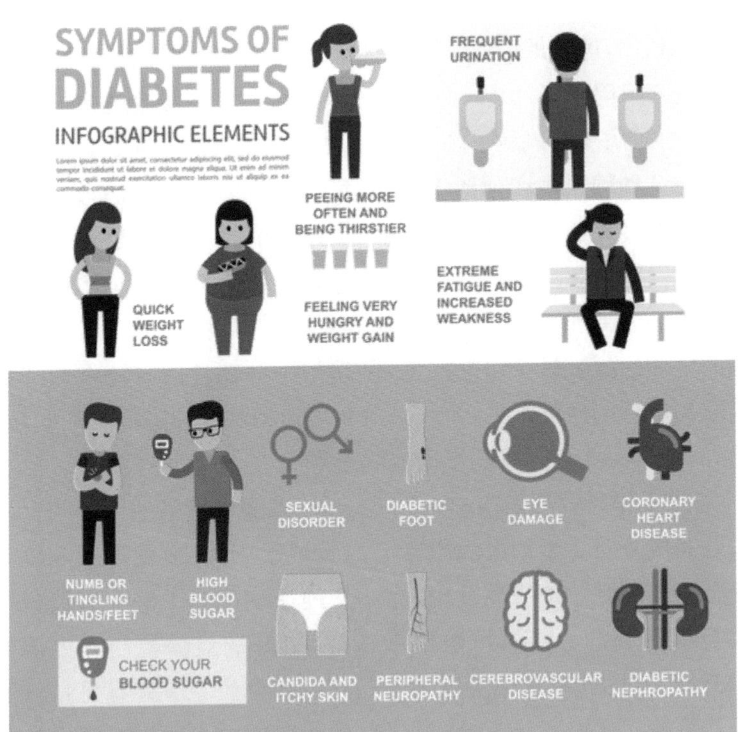

13 380 例西班牙大学毕业生进行了为期 4.4 年的随访。研究结束时，共计 103 例受试者罹患糖尿病。结果显示，经常食用地中海饮食可使糖尿病发病风险显著降低。

2013 年，《糖尿病学杂志》（*Diabetologia*）发表了一篇对 22 295 例受试者进行为期 11.34 年随访的研究，在欧洲癌症与营养前瞻性研究（EPIC）的希腊队列中评估了饮食的地中海评分与 2 型糖尿病发病率的相关性，发现地中海饮食可使 2 型糖尿病的发病风险降低约 20%。

2014 年著名的 PREDIMED 试验的亚组研究发现，地中海饮

食可降低 2 型糖尿病的发病率。在平均 4.1 年随访后，与对照组受试者相比，进食地中海饮食联合特级初榨橄榄油的受试者，其糖尿病发病风险下降 40%；而进食地中海饮食联合混合坚果的受试者，其糖尿病发病风险下降 18%。2015 年发表的一项关于地中海饮食对 2 型糖尿病和糖尿病前期管理效果的系统评价研究表明，与其他饮食相比，对地中海饮食的更高依从性使未来患糖尿病的发病风险降低了 19%～23%。该研究的结论是地中海饮食与更好地控制血糖和心血管疾病风险因素有关，表明它适合 2 型糖尿病的整体治疗。另有研究发现，坚持地中海饮食同时能降低 2 型糖尿病患者的血糖水平，尤其是对餐后血糖水平的降低更加明显。此外，地中海饮食还可延缓糖尿病进展。

2016 年，《营养素杂志》(*Nutrients*)发表了一篇地中海膳食模式及其成分对 2 型糖尿病患者心血管风险因素、血糖控制和体重的影响的研究。该研究发现，在 2 型糖尿病患者中地中海饮食模式与更有利的心血管风险因素特征，更好的血糖控制和更低的 BMI 相关，因此它是现实生活中治疗糖尿病患者有效且可持续的营养策略。研究者认为，这项观察性研究的结果可以给政府计划以及食品工业界提供建议，并为人们做出健康食物选择提供重要的证据。

目前，尚不确定地中海饮食的哪个组分对预防糖尿病的作用贡献最大。地中海饮食的独特特点在于采用的是特级初榨橄榄油，因此单不饱和脂肪酸/饱和脂肪酸比例较高。对膳食脂肪与糖尿病的回顾分析显示，特级初榨橄榄油能改善胰岛素敏感性，可能有助于降低 2 型糖尿病发病风险。

鉴于以上研究证据，2019，美国糖尿病协会(American Diabetes Association, ADA)在《成人糖尿病医学营养治疗建议》中指出，糖尿病患者可以采用地中海饮食以帮助减少糖尿病并发

症的发生。

四、痛风

痛风和高尿酸血症是困扰很多中老年男性的健康问题。研究显示，地中海饮食干预 6 个月可显著降低无症状高尿酸血症患者血尿酸和血脂水平，第四至八周干预效果最明显，4 周干预结束时血尿酸水平降低 20%，而受试者的尿液嘌呤浓度并没有改变。作者推测地中海饮食改善了与代谢综合征相关的代谢机制。希腊的一项横断面研究纳入了 548 名无心血管疾病的老年患者，其中男性 281 名，女性 257 名，平均年龄 75 岁。该人群中高尿酸血症发生率男性为 34%，女性为 25%。研究表明，地中海饮食依从性与血尿酸水平呈负相关，也就是越符合地中海饮食的人血尿酸水平越低。此外，长期摄入西方饮食模式的人群，在转变为地中海饮食

后，可降低发生慢性病的风险。

五、癌症

2017年，发表于《营养素杂志》(*Nutrients*)的一篇评价文章系统回顾了坚持地中海饮食对整体癌症死亡风险、不同类型癌症风险、癌症病死率和癌症幸存者复发风险影响的多项研究。研究表明，坚持地中海饮食可使所有类型的肿瘤发生率和病死率分别降低约14%和8%。对于结直肠癌、乳腺癌、胃癌、前列腺癌和呼吸及消化系统肿瘤，降低风险的作用分别为18%、6%、18%、4%和56%。研究者认为，这些观察到的有益效果主要是由于水果、蔬菜和全谷物摄入量增加所致。

进一步的研究表明，地中海饮食中的蔬菜、水果与降低结直肠癌、食管癌的发生率相关；鱼类与降低乳腺癌的发生率相关。橄榄油中的酚类物质通过直接的抗氧化作用，调节致癌基因，影响肿瘤

细胞信号转导及细胞增殖周期而发挥抗癌作用。精制橄榄油中仅有很少天然酚类物质存在。水果、蔬菜的抗肿瘤作用可通过黄酮类物质的生物学活性作用加以解释，包括抗氧化活性、抗感染活性，以及在细胞信号转导、细胞周期调整及血管形成过程中发挥的抗诱变、抗增殖活性。地中海饮食降低前列腺癌发生风险可能与番茄摄入量高相关。番茄中发挥抗癌活性的番茄红素具有抗氧化、下调炎性反应的功效。

（一）乳腺癌

在女性所患的恶性肿瘤中，乳腺癌已逐渐跃居首位，成为威胁女性健康的“头号杀手”。全球平均每年约有 140 万人患乳腺癌，我国每年约有 20 万新发乳腺癌患者。在我国，乳腺癌在沿海地区发病率比内地高，东部地区比西部高，城市比农村高。其中，中年女性的发病率增长最快，形成了新高峰。据统计，西方国家女性乳腺癌的高发年龄段是 55～65 岁，在我国则提前为 45～55 岁。

在一项病例-对照研究中调查了 2 396 名 25～74 岁的亚裔美国女性，地中海饮食模式与乳腺癌风险降低 35％相关。Four-Corners 研究报道，西班牙裔以及采用地中海饮食模式的非西班牙裔白种人女性患乳腺癌的风险降低。来自塞浦路斯的一项针对 935 名乳腺癌病例和 817 名年龄在 40～70 岁之间的女性对照研究表明，地中海饮食模式具有保护性关联，其特点是水果、蔬菜、鱼类摄入量较高。地中海饮食对乳腺癌的保护作用与循环血中雌激素减少和已知降低氧化应激的类胡萝卜素摄入量增加有关。

发表于 2015 年《美国医学会杂志-内科学》(*JAMA Internal Medicine*)的一项的研究，对参加 PREDIMED 试验的女性是否能降低乳腺癌进行了分析。研究者选取 4 282 名 60～80 岁患有心血管疾病或具有潜在高危风险的女性。这些参与者被要求遵循传统

的地中海饮食，而对照组则被要求遵循低脂饮食。经过5年的研究发现，遵循地中海饮食并大量摄入特级初榨橄榄油的参与者，在5年后罹患乳腺癌的风险要低于遵循低脂饮食者。研究还发现，研究中的2个地中海饮食小组成员被诊断患有乳腺癌的风险都远低于只坚持低脂饮食的对照组。地中海饮食中可能有潜在的降低细胞氧化应激压力的机制，而饮食恰好是对抗、预防乳腺癌的核心要素之一。

2018年，美国北卡罗来纳州温斯顿-塞勒姆维克森林医学院的一项最新研究结果发表在《细胞报告》(*Cell Reports*)杂志上，他们认为这一研究将为乳腺癌的预防和治疗开辟一条新途径。研究发现，饮食不仅可以影响肠道中的微生物菌群，还可以影响身体的其他部位。饮食会影响雌性哺乳动物乳腺中微生物种群的组成，

并对乳腺癌的生成产生影响。健康的饮食，如地中海饮食（富含水果、坚果、蔬菜、豆类、鱼和橄榄油）可以降低患癌风险，而含高脂肪、加工食品和含糖高的西式饮食则会增加患癌风险。

（二）结直肠癌

结直肠癌是较常见的癌症，是癌症病死率的主要原因之一。然而，大多数结直肠癌会经历较长的发生、发展过程，甚至可长达 20 年，表明可能存在预防机会的窗口，如转向更健康的饮食模式。

地中海饮食是一种与各种健康益处相关的饮食模式，包括预防心血管疾病、糖尿病、肥胖症和各种癌症。对意大利男性和女性队列（42 275 名参与者）进行 EPIC 研究的 2 次分析得出：无论性别如何，坚持地中海饮食都与结直肠癌的风险呈负相关。保护作用主要针对远端结肠癌和直肠癌，而不是针对近端结肠癌。在来自欧洲各国 25～70 岁的男性和女性队列发现，坚持地中海饮食模式与结直肠癌风险降低 8%～11%相关。

2017 年发表于《营养前沿》(*Frontiers in Nutrition*)的一篇系统评价发现，地中海饮食可以降低结直肠癌患病风险，而且与近端结肠相比，远端结肠的肿瘤风险降低可能更明显。

一般认为，肠息肉是结直肠癌的一种癌前病变。2017 年 6 月，欧洲医学肿瘤学会第十九届世界胃肠癌大会上发表的一项研究表明，与结肠健康的受试者相比，具有晚期息肉的患者报告的地中海饮食组分较少。人们加入的地中海饮食成分越多，其结直肠息肉的发生风险就越低。研究人员进一步分析了各类结直肠癌风险因素，最终将多摄入鱼类、水果，少摄入软饮料作为降低晚期结肠直肠息肉风险的最佳组合。

六、认知功能减退

人口老龄化伴随着认知能力下降和痴呆症的增加。各种认知功能减退不仅影响个人及其家庭，而且还会产生巨大的经济负担和诸多社会问题。年龄相关因素影响大脑和神经肌肉系统，导致各种认知功能减退，包括阿尔茨海默病、帕金森病，以及其他从轻度认知衰退到血管性痴呆的不同形式痴呆。

阿尔茨海默病占老年人所有痴呆病例的 70%。阿尔茨海默病会产生进行性脑萎缩和记忆丧失，导致痴呆、残疾，甚至死亡。阿尔茨海默病是一种疾病现象而不是正常的老化，也并非是单一疾病，而是一群症状的组合(综合征)。它的症状不只有记忆力的减退，还影响其他认知功能，包括语言能力、空间感、计算力、判断力、抽象思考力和注意力等各方面的功能退化，同时可能出现干扰行为、个性改变的状况及妄想或幻觉等症状。这些症状的严重程度足以影响其人际关系与工作能力。目前，这一世界性难题的发

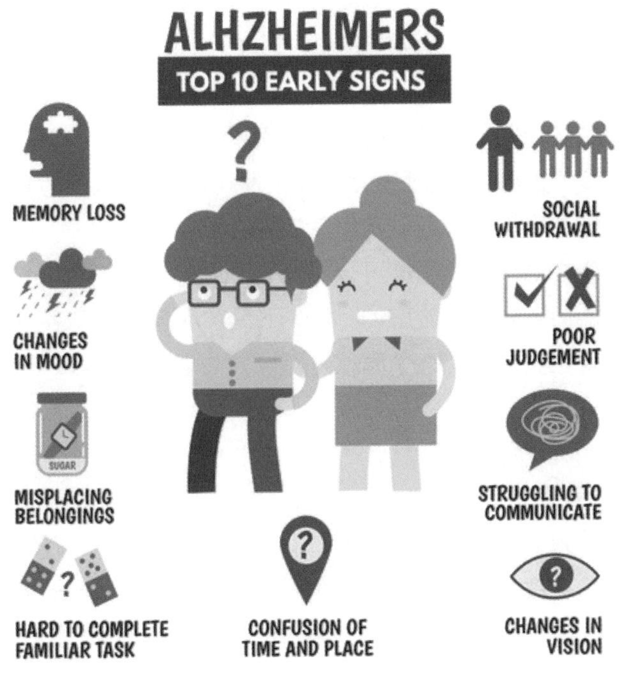

病机制仍不明确，还没有针对阿尔茨海默病有效的直接治疗方法，因此寻找一种延迟其发生并降低其发展风险的方法至关重要。

饮食营养是预防或推迟阿尔茨海默病发病的可控因子之一。早期的相关研究主要集中在个别营养素或生物学活性成分的影响方面，如维生素 E、维生素 D 和花青素。至今，探讨健康饮食（如地中海饮食）对降低认知退化及阿尔茨海默病发病风险的相关证据逐渐增加。研究表明，地中海饮食可以改善老年患者的认知衰退状况，降低年龄相关性认知障碍，降低阿尔茨海默病发生率和病死风险。与富含饱和脂肪酸和肉类的西方饮食相比，地中海饮食中丰富的鱼类、谷物、水果和蔬菜也可以改善认知功能减退状况。美国哥伦比亚大学的专家们研究认为，地中海饮食可使人的大脑至少晚衰老 5 年。研究者对 670 多名年龄超过 80 岁且未患老年痴呆症者进行大脑扫描和相关研究，发现遵循地中海饮食组的参与者的总的脑体积比未遵循地中海饮食组大了 13 mL。

在 2006 年的一项观察性研究中发现，鱼油和适量的葡萄酒消费与认知能力下降和阿尔茨海默病患者风险降低有关。另一项研究发现橄榄油中酚类物质可以预防高风险患者（年龄 65～80 岁）的认知能力下降。在希腊的一项对 65 岁及以上受试者进行的前瞻性调查也支持坚持地中海饮食可以预防老年受试者认知能力下降这一观点。

2009 年，美国哥伦比亚大学医学中心的研究者对地中海饮食以及与患阿尔茨海默病风险之间的关系进行了研究。研究者调查了来自纽约市的 1 880 名健康的老年居民，详细记录他们的饮食情况和运动锻炼情况。1992—2006 年，大约每隔一年半进行一次标准的神经学和神经心理学评估。研究发现，地中海饮食可降低 32%～40%的阿尔茨海默病患病风险，而较多的体育锻炼也可降低 33%～48%的阿尔茨海默病患病风险。

2010 年，一项针对 13 多万人进行的 4～16 年的随访研究发现，采用地中海饮食模式越久，帕金森病和老年痴呆症的风险越低。另外，地中海饮食对轻微认知功能障碍也有一定的预防作用。

2010 年《神经病学年鉴》（*Arch Neurol*）杂志的一项美国哥伦比亚大学的研究发现，采用地中海饮食可以降低阿尔茨海默病风险。这项对 2 148 名无痴呆症老人的饮食结构进行分析，随访 3.9 年，累计发生阿尔茨海默病 253 例。采取富含单不饱和脂肪酸、维生素 E 和叶酸，少饱和脂肪酸和胆固醇的地中海饮食者，阿尔茨海默病风险降低了 38%。

2013 年,《神经病学年鉴》(*Arch Neurol*)杂志的一项汇总研究显示,地中海饮食可以降低脑卒中、抑郁、认知障碍和阿尔茨海默病风险分别为 29%、32%、40%和 30%。在认知正常的人群中,地中海饮食可降低轻度认知障碍发生风险 27%、阿尔茨海默病发生风险 36%。

2016 年,《美国临床营养》(*American Journal of Clinical Nutrition*)杂志的一项研究调查了芝加哥南部 4 000 名坚持地中海饮食的老年人的状况。调查表明,那些严格按照地中海饮食习惯进食的老人,认知衰退过程明显比那些不太遵循地中海饮食的老人更缓慢。可见,地中海饮食习惯可延缓老年人认知衰退。

地中海饮食的神经保护作用可能与抗感染、抗氧化及血管保护作用相关。地中海饮食与低水平 C 反应蛋白和白细胞介素相关。研究表明,单不饱和脂肪酸和多不饱和脂肪酸,尤其是 ω-3 多不饱和脂肪酸能有效降低认知功能减退、阿尔茨海默病及痴呆的风险。阿尔茨海默病脑内的主要病理变化是神经元外脂蛋白沉积形成老年斑,细胞内神经原纤维缠结,神经元丢失,突触退化等。不饱和脂肪酸能减少脂蛋白聚集。富含不饱和脂肪酸的膳食能减少早老素基因(*PS1*)的稳态浓度、减少 tau 蛋白在突触中的聚集及由 tau 蛋白异常磷酸化导致的神经原纤维缠结。深海鱼中含有的维生素 D 是一种神经类固醇激素,能维持神经生理功能,调节神经递质及神经营养因子,参与脑部抗氧化、抗感染及抗缺血机制。此外,研究证实长期食用富含自由基清除剂的食品(如水果、蔬菜、谷类及红酒等)可有效延缓阿尔茨海默病的发生。

研究还发现,坚持地中海饮食可以延缓衰老。根据最近一项研究发现常吃大量蔬菜的老年人,他们的脑容量要比不遵循这种饮食习惯的同龄人更大。在这项研究中,研究人员选择年龄范围

比较狭窄、地域比较特异的群体进行研究，参与这项研究的共有674人，平均年龄80岁，他们都居住在纽约曼哈顿北部相对繁华的区域，并且都没有表现出痴呆症状。通过对他们的饮食进行观察，再加以科学测量，研究人员发现那些遵循地中海饮食习惯的老年人其脑部尺寸更大，灰质容量也更大。这一现象意味着遵循地中海饮食习惯的人其脑部比遵循传统美式饮食习惯的人年轻5岁。来自哥伦比亚大学的研究人员评论道：脑部测量结果的重要性相对较小，但摄入至少5种推荐的地中海饮食成分就能使脑部年龄年轻5岁，这才是真正具有实质性意义的。相关研究成果已经发表在国际学术期刊《神经学》(*Neurology*)上。

越来越多证据指出采取健康的地中海饮食可降低认知退化及阿尔茨海默病风险，而不健康饮食(如摄取高饱和脂肪)会增加患病风险。

七、骨骼疾病

2018年，在美国营养学会的官方期刊《美国临床营养》(*American Journal of Clinical Nutrition*)发表的一篇研究报道中，地中海饮食被证明能够延缓骨质疏松的进展。这项由英国东安格利亚大学领衔的研究中，共有1 142名平均年龄70.9岁的老年人完成了为期一年的地中海饮食干预。这一年中，他们获得了个体化的饮食指导，同时研究人员还为他们提供了全麦意大利面、橄榄油和每天10 μg维生素D。对于接受地中海饮食干预的老年人，他们橄榄油、低脂奶制品以及钙质的摄入量均显著增加，但高脂奶制品的摄入则没有变化。经过一年的干预发现，地中海饮食干预可以显著改善股骨颈的骨密度，延缓老年人骨质疏松的进展。

还有研究发现地中海饮食可以降低老年女性骨折风险。《美国医学会杂志-内科学》(*JAMA Internal Medicine*)报道，地中海

饮食可降低老年女性髋部骨折风险。富含水果、蔬菜、坚果、豆类和粗粮的地中海饮食可以降低女性20%的髋骨折风险(相比非地中海饮食)。该研究纳入超过90 000名健康美国女性,平均年龄64岁,随访近16年。

地中海饮食还能降低类风湿关节炎的患病风险。类风湿关节炎是一种慢性炎症性自身免疫性疾病。病因包括复杂的遗传学因素与环境因素的相互作用。地中海饮食最重要的是以植物为基础的饮食,由于其推测的抗感染特性,地中海饮食可以降低感染的风险,例如类风湿关节炎。瑞典一项基于人群病例-对照研究(EIRA研究)的流行病学调查纳入了1 721例类风湿关节炎风险患者和

3 667例年龄相同的对照组人群。研究发现，地中海饮食评分与类风湿关节炎风险呈负相关。

八、非酒精性脂肪肝

非酒精性脂肪肝是一种常见的慢性肝病，被认为是代谢综合征的肝脏表现。非酒精性脂肪肝具有与代谢综合征相同的致病背景，并且具有许多风险因素，例如肥胖、高血压、胰岛素抵抗和血脂异常。虽然目前没有基于证据的非酒精性脂肪肝治疗方法，但各种指南都建议通过改变生活方式以减轻体重。事实上，饮食在非酒精性脂肪肝患者的管理中具有关键作用。据报道，饮食的数量和质量对肝病的发病和严重程度都有关。在所有已提出的饮食中，地中海饮食是帮助体重减轻的最有效饮食选择，同时对与代谢综合征和非酒精性脂肪肝相关的风险因素产生有益影响。研究也证明了地中海饮食对非酒精性脂肪肝的有益作用。膳食组合的质量改变也可以直接影响非酒精性脂肪肝的临床过程，超出“简

单”的能量限制。事实上，调整饮食成分的营养素，可以显著影响与脂肪肝相关的大多数风险因素，如高血压、高血脂和胰岛素抵抗等。

在过去的几十年中，已经提出几种饮食模式作为预防非酒精性脂肪肝和代谢相关疾病的理想模式。然而，在已提出的所有饮食中，只有地中海饮食有研究证据显示出其有益效果。这些证据包括地中海饮食可降低非酒精性脂肪肝患者肝脏脂肪变性，增加胰岛素敏感性，还能减少此类患者发生心血管疾病和癌症的风险。

九、失眠

失眠是现代许多人面临的烦恼问题。2018 年，《国际老年医学与老年病学》刊登的一项新研究发现，地中海饮食除有益心脏健康外，还能促进睡眠。在这项研究中，希腊哈睿寇蓓大学的研究人员对近 1 650 名 65 岁以上老人进行饮食模式与睡眠健康关联的研究。研究人员确定参试者是否坚持地中海饮食之后，对参试者睡眠质量进行为期 1 个月的跟踪调查。结果显示，坚持摄入橄榄油、鱼和应季果蔬等食物（地中海饮食模式中的主要食物）的参试者，睡眠质量明显更高，在 75 岁以上参试者中尤为明显，而睡眠不足可能导致人们吃更多不健康的食物，形成恶性循环。

老年人保持充足睡眠至关重要。缺乏睡眠会增加体内炎性物质，加速氧化和细胞衰老进程。良好的睡眠有助于改善注意力和记忆力，预防多种疾病。地中海饮食促进老年人睡眠的一大关键原因是该饮食模式中的一些食物是褪黑素的绝佳来源。褪黑素是“能告诉大脑该休息睡觉”的一种激素。另一种理论认为，地中海饮食有助于对抗高血压等其他与衰老有关的疾病，这些疾

病会严重影响睡眠质量。这些疾病的改善自然意味着睡眠质量的提高。

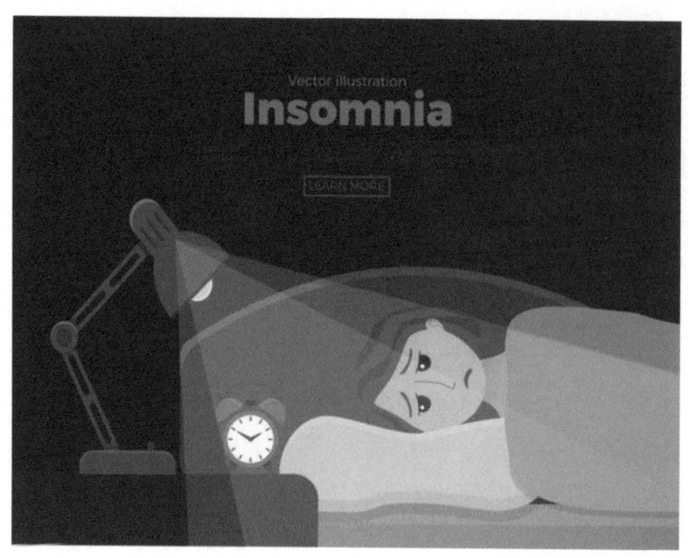

第三章
中国人如何吃地中海饮食

地中海饮食有那么多好处，中国人能不能马上就拿来吃呢？如果您愿意自己烹饪，可以在网络上搜索到大量现成的食谱，也可以购买图书 *The New Mediterranean Diet Cookbook*：*A Delicious Alternative for Lifelong Health*，书中有现成的方法。以 1 500 kcal 的一日餐单为例，典型的地中海饮食食谱如下（1 kcal = 4.18 kJ）（表 3 - 1）。

表 3 - 1　典型的地中海饮食食谱

早餐	6 盎司希腊酸奶 + 1/2 杯草莓 + 1 茶勺蜂蜜；1 片全麦吐司和半个牛油果
午餐	1 个全麦皮塔饼 + 2 大汤勺鹰嘴豆泥 + 1 杯绿叶菜 + 2 片西红柿；1 杯意大利蔬菜汤；1 个中等大小的橘子；1 杯柠檬水
小食	1/8 杯杏仁片 + 1/8 杯花生
晚餐	沙拉（1/2 杯芝麻菜 + 1/2 杯嫩菠菜 + 1 大汤勺帕尔玛干酪切片 + 1 大汤勺油醋汁 + 3 盎司三文鱼 + 1/2 杯古斯米 + 1/2 杯西葫芦 + 4 条芦笋）；5 盎司红酒（可选项目）
甜品	1 小串葡萄；1/2 杯柠檬雪芭

注：1 盎司 = 28.35 g。

从这个典型的食谱可以看出，地中海饮食与我国人群的饮食结构存在较大的差异。如完全照搬地中海饮食模式安排饮食，在我国实际生活中并不可行。

近年来，地中海饮食因其健康效应在我国居民中广为流传。如何借鉴其健康原则，使地中海饮食在中国落地呢？中国地域辽阔、风俗各异，地中海饮食与中国人常见饮食习惯还是有很大差别的，具体如下（表 3-2）。

表 3-2　地中海饮食与中餐饮食的比较

种类	地中海饮食	中餐饮食
谷类	以全谷类为主，每天 300～400 g	以精白米面为主，人均每天 150～300 g，杂粮、薯类食物较少
肉	海产品多，猪肉相对少，白肉为主（如鸡肉、鱼虾等）	以红肉（猪、牛、羊）为主，含脂肪较多，能量高
果蔬	每天 650 g 以上（蔬菜 200 g、水果 450 g），蔬菜以凉拌为主	蔬菜（260 g）、水果（370 g），蔬菜以高温煎炒、深加工为主
奶类	每天摄入奶酪、牛奶、酸奶等，人均每天 300 g	人均每天 27 g
食用油	橄榄油为主，每天 30～60 g	菜籽油、花生油、豆油等为主，人均每天 32 g；也有少量动物油，人均每天 8 g
酒	进餐喝葡萄酒，人均每天摄入酒精 23 g	中高度白酒为主，人均每天摄入酒精 23 g
加餐食物	坚果、低糖酸奶、水果	饼干、甜点、糕点

很明显，在这些主要的食物组成中，地中海饮食与中餐饮食相比，明显要健康一些。那么，国人如何吃具有中国风味的地中海饮食呢？可以从以下几个方面做起。

一、可吃橄榄油或茶油

我国年人均消费食用油约 15 kg，以植物油为主（人均每天 32 g，主要是菜籽油、花生油、豆油和色拉油），也有少量的动物油（人均每天 8 g）。不同油含的脂肪酸（饱和脂肪酸、单不饱和脂肪酸和多不饱和脂肪酸）比例不一样，对健康的影响也不一样。不饱和脂肪酸有益于心血管健康，饱和脂肪酸会增加患心血管疾病的风险。橄榄油中的单不饱和脂肪酸占 70%，多不饱和脂肪酸占 12%，饱和脂肪酸只占 14%。豆油和花生油中含的单不饱和脂肪酸分别占 25%和 41%，均比橄榄油中的含量少，但含的多不饱和脂肪酸要多得多。动物油（如猪油、羊油、牛油等）中一半以上是饱和脂肪酸。当然，橄榄油也有缺点，就是进口的橄榄油较贵，比豆油、花生油贵，天天食用，经济成本太高。另外，橄榄油虽然对健康有益，但很多中国人并不喜欢橄榄油的口味，做凉菜更习惯或愿意用芝麻油、花生油或豆油。所以，建议橄榄油与普通油交替使用。其实，中国特产的茶油和芥菜籽油也是单不饱和脂肪酸比例比较高的烹调油，可以代替一部分橄榄油使用。

二、增加粗杂粮

地中海饮食中杂粮、全谷物食物为主食摄入主体，这些粗加工的谷物食品富含膳食纤维，也富含 B 族维生素和微量元素，对控制体重、调节胃肠道功能、稳定血糖、增加免疫力等均有所帮助。越来越多的科学研究表明，以植物性食物为主的膳食可以避免高能量、高脂肪和低膳食纤维膳食模式的缺陷。

我国传统膳食中，谷类食物也是食物摄入的主体。随着经济的发展和生活的改善，人们倾向于食用更多动物性食物和油脂。为保持我国膳食的良好传统，避免高能量、高脂肪膳食的弊端，《中国居民膳食指南(2016版)》指出：应遵循谷类为主、粗细搭配的原则,并指出一般成年人每天主食摄入250～400 g为宜,同时注意粗细搭配,经常选用一些粗粮、杂粮和全谷类食物。在选用粗粮时,可以根据自己的饮食习惯及喜好,吃些杂粮的面制品,如莜麦面条、高粱馒头等,喝些用玉米、小米、薏米、豆子、鸡头米等煮的粥,选择糙米饭等,同样可达到健康效果。

三、多吃蔬菜、水果

地中海饮食中蔬菜、水果多,每天达到650 g以上(蔬菜200 g,水果450 g)。我国居民每天吃的蔬菜(260 g)其实比他们还多60 g,但吃的水果比他们少很多(370 g)。蔬菜、水果是维生素、矿物质、膳食纤维和植物化学物质的重要来源,含的水分多、能量低,对保持身体健康,维护肠道正常功能,提高免疫力,降低癌症、肥胖、糖尿病、高血压等慢性疾病风险具有重要作用。我们需要保持现阶段蔬菜的消费量,增加水果的摄入。《中国居民膳食指南(2016版)》中推荐我国成年人蔬菜摄入量每天300～500 g,水果摄入量每天200～400 g,并应注意蔬菜和水果品种的选择与搭配,原则是顿顿有蔬菜、天天有水果。国人吃蔬菜习惯上偏好热炒菜,凉拌菜在夏季比较多,冬季较少。地中海饮食中蔬菜的烹饪方式以凉拌的蔬菜沙拉为主,我们大多数人并不喜欢或习惯吃,特别是在冬天,觉得凉凉的,吃下去胃里不舒服。蔬菜经热炒后一些热敏性的维生素会有所损失,但增加了蔬菜的摄入量,所以这一习惯没必要完全改变。

四、增加海鱼的摄入

地中海饮食中,海产品在动物性食物摄入中占很大比重,平均每天消费海鱼约40 g,而我国居民动物性食物摄入中仍然以猪肉、

牛羊肉等红肉类为主，平均每天消费水产品 30 g、肉禽类 79 g。应调整肉食结构，适当增加水产品摄入，如每周 1～2 餐的菜肴有海产品。红肉及海产品均是人类优质蛋白及脂溶性维生素等的良好来源，但其营养价值有所区别。鱼类脂肪含量一般较低，且含有较多的多不饱和脂肪酸，有些海产鱼类富含二十碳五烯酸（EPA）和二十二碳六烯酸（DHA），对预防血脂异常和心脑血管疾病等有一定作用。相比而言，红肉类脂肪含量较高，并以饱和脂肪为主，摄入过多不利于心脑血管疾病、肥胖等的预防。所以，国人可以适量增加海鱼，特别是深海鱼的摄入。

五、每天吃奶制品

地中海饮食中一日三餐中都能见到奶制品的影子：牛奶、酸奶、奶酪等。奶酪品种很多，能直接吃，也可以和蔬菜拌在一起做成沙拉，也能做成热炒菜。很多人没有养成每天喝牛奶或酸奶的习惯，奶酪更是很少吃。奶制品营养丰富、全面，除了提供优质蛋白质，还含有丰富的钙。我国居民应提高奶类的摄入量，每人每天应摄入 300 g 奶制品，包括牛奶、酸奶、奶酪等。

六、禁酒、控酒

地中海居民饮酒以葡萄酒为主，人均每天 23 g。我国人均摄入酒精 21 g，以中高度白酒为主。研究发现，少量饮酒，特别是饮葡萄酒，有益于心血管的健康。但是，对于以前没有饮酒习惯的人，不建议为保健饮红酒或增加饮酒量。有确凿的证据表明，酒精是一种致癌物，可增加肝癌、食管癌等 10 余种癌症的风险。过量饮酒，特别是白酒，会增加患高血压、卒中（中风）等疾病的风险，危害健康。很多人喜欢的白酒其实非常不利于健康，最好不要饮用。如果非要饮酒，建议改饮葡萄酒，而且适量控制。对于葡萄酒，这

个适量是指成年女性和超过 65 岁的男性每天不超过 150 mL，年轻男性每天不超过 300 mL。如果不能把喝酒的量限制到上述范围，或者个人以及家族成员有酗酒史，或者有肝脏疾病，或者有酒精性股骨头坏死，那么应该避免包括葡萄酒在内的任何酒精饮料。

总之，如果直接照搬地中海饮食食谱，国人很难适应其口味，食材也可能不方便购买到。所以，对于地中海饮食，国人应该根据实际情况，科学、合理地加以采用。

第四章 地中海食谱的本土化改造

一、地中海食谱本土化改造过程

1. 确定食谱的周期

本书为了保证食谱的多样性，参照已有的地中海食谱制订了28天的本土化食谱，并选择多样化的食材与适宜的烹调方式，设计了尽可能多的符合地中海饮食模式且贴合中国人日常饮食习惯的食谱。

2. 确定食谱的总能量

经过分析，地中海食谱大致每天提供1 500 kcal左右的能量。其中，总脂肪占总能量的25%～35%，糖类占45%～50%，蛋白质占18%～21%。《中国居民膳食营养素参考摄入量(DRIs 2013)》中规定50岁以下中国成年男性每天膳食能量需要量为2 250 kcal，女性1 800 kcal，并随年龄增长，每天需要量有所降低。考虑到目前城市居民的具体情况，所以将一天的膳食能量定为1 800 kcal，三大营养素的比例参照地中海饮食。每天设置为三顿正餐，三次加餐，考虑到中国人饮食特点，每顿正餐定为一主食、一荤、一小荤、一素、一汤(表4-1)。

表4-1　一份代表性地中海食谱营养成分分析

营养成分	摄入量
能量	1 527 kcal
总脂肪占比	29%
饱和脂肪占比	5%
反式脂肪	0
糖类占比	50%
膳食纤维	32 g
蛋白质占比	18%
钠	1 368 mg
钾	3 351 mg
钙	418 mg
维生素 B_{12}	2.8 mg

注：1 kcal = 4.186 kJ。

3. 确定食材

设计食谱时，先根据地中海饮食金字塔选择食材，并规划每周食用次数，然后确定每周动物性食材的选择，尽可能多样化、少重复，之后再加入其他食物如谷类、蔬菜、水果等，最后选择适宜的烹调方式并确定食用量。根据查找的相关资料，详细地列出地中海饮食食谱中常用的各种食材，以此为参考，选择一些可在国内买到的食材，如三文鱼、鳕鱼、鹰嘴豆等添加到本土化食谱中，但仍以本土食材为主。

地中海饮食对蔬菜的处理以沙拉形式为主，佐以橄榄油和醋汁，为了增加口感和蛋白质会加入各式奶酪。而国人以热炒菜为主，生凉拌为辅，很少使用奶酪。目前，大多数家庭用水并非直饮水，故不适合经常大量生食蔬菜，很多本土蔬菜也不宜生食。国内叶菜种类较多，深色蔬果中还含有更多的胡萝卜素和有益健康的植物化学物，所以本土化食谱中深色蔬菜占蔬菜总量的一半。深

色蔬菜包括菠菜、茼蒿、西兰花、胡萝卜、西红柿、生菜、苋菜等，水果的选择也应做到多种多样。

坚果选择日常常见的种类，如花生、核桃、开心果、扁桃仁、腰果、碧根果等。奶制品可选择的种类较少，主要以牛奶和酸奶为主。

另外，可选择本土化的面食(面、饼等)、米饭类代替地中海饮食中的主食如各式全谷面包、皮塔饼、意大利面等，以符合国人的饮食习惯，并且用黑米、糙米、黄米、小米、薏米、玉米、燕麦等全谷物，红豆、绿豆、花豆、芸豆等杂豆类和马铃薯、红薯、山药等薯类代替部分精白米饭，增加粗杂粮的摄入。

虽然很多研究都针对海鱼，但淡水鱼中也含有一定量的二十二碳六烯酸，如鲈鱼、鳗鱼。本土化食谱中，除选择可以在国内买到的地中海饮食食谱中所涉及的深海鱼类外，也加入了本土的深海鱼与淡水鱼，如秋刀鱼、鲳鱼、黄鱼、鳗鱼等。

4. *参照地中海食谱分配各类食物每周的食用次数*

分析某地中海食谱中各类食物每周的食用次数，发现地中海食谱中，每周食用红肉类 0. 75 次，白肉类 2. 25 次，虾贝类 1. 75 次，鱼类 2 次，蛋类 3. 5 次，坚果类 4. 25 次，豆类及杂豆类 6. 25 次，奶制品 12. 75 次。制订本土化食谱时，根据这些食物的食用次数，搭配各类食物的配比(图 4 - 2)。

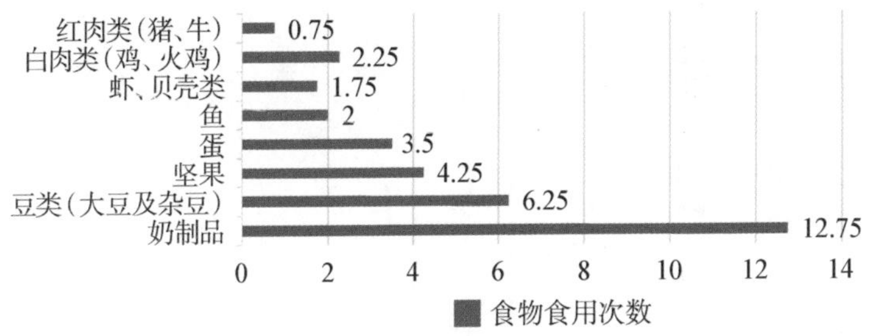

图 4 - 2　地中海饮食各类食物选择次数(次/周)

最后，在制订食谱时，首先确定每周选用的动物性食材，做到符合地中海饮食模式，并合理分配食用次数，再选择适当的烹调方式，然后按地中海饮食原则，搭配谷类、蔬菜、水果等，最终形成4周28天的《复旦大学附属中山医院28天心血管健康食谱》(详见下文)。

二、复旦大学附属中山医院28天心血管健康食谱

(一) 第一周食谱

第一天

餐次	食谱	食物原料	用量(可食部)	备注	烹饪方法
早餐	藜麦麦片粥	藜麦	20 g	可换成其他易熟的全谷类，如小米、红豆等，也可都用燕麦	将燕麦、藜麦加些许水煮熟，取2个草莓切半与坚果一起放在粥上
		燕麦	40 g		
	坚果	花生仁	10 g	13粒	
		鸡蛋	60 g	1个	
	水果	草莓	150 g	6个	吃不完时可作为加餐；可换成其他水果，如苹果、梨、菠萝、火龙果、桃、猕猴桃等
加餐	奶制品	全脂牛奶	200 mL	全脂	

（续表）

餐次	食谱	食物原料	用量（可食部）	备注	烹饪方法
午餐	杂豆饭	粳米	50 g	可替换成其他全谷类和杂豆类	若有高压锅，可以将杂粮放在一起煮； 若没有，可将红豆和黑大豆浸泡过夜，先煮黑豆、红豆，然后再和粳米一起煮
		红豆	30 g		
		黑大豆	10 g		
	煎秋刀鱼	秋刀鱼	75 g	可以替换成其他鱼类，如鲳鱼、带鱼、巴沙鱼、小黄鱼、鳗鱼等	1. 秋刀鱼洗净，将水擦干； 2. 用盐、胡椒粉、花椒粉、橄榄油、姜丝抹匀两面，腌制 10 分钟； 3. 加热不粘锅，将秋刀鱼直接下锅煎，煎至金黄后再翻面； 4. 翻面后放葱花，另一面煎好后再翻一次，出锅即可（可挤些许柠檬汁在鱼上）
		盐	1 g		
		橄榄油	5 mL		
		黑胡椒粉、花椒粉、姜丝、葱末、柠檬汁（可不放）	适量		也可用烤箱

（续表）

餐次	食谱	食物原料	用量（可食部）	备注	烹饪方法
	炒蔬菜	茄子	130 g		1. 茄子洗净，切滚刀块；甜椒洗净，去芯去籽，切块；洋葱切片；大蒜切末。 2. 不粘锅烧热后倒入 5 mL 油，放入大蒜、洋葱、甜椒煸炒。 3. 洋葱变色后加入茄子翻炒。 4. 茄子炒熟后关火，撒适量黑胡椒、生抽，出锅、装盘即可
		洋葱	50 g	1/4 个	
		甜椒	20 g	1/4 个	
		大蒜	10 g	2 瓣	
		生抽	5 mL	5 mL 酱油 = 1 g 盐	
		橄榄油	5 mL		
		黑胡椒	适量		
	番茄豆腐汤	番茄	50 g	半个	1. 煮成 250 mL 的汤，可放 1 勺纯番茄酱，增加番茄味； 2. 购买番茄酱时可查看配料表，看其是否添加盐、糖；选择无添加调味料，只有番茄的番茄酱
		北豆腐	50 g	1/7 盒	
		盐	1 g	也可不放盐	
		黑胡椒、纯番茄酱（无盐、无糖）	适量		
加餐	奶制品	酸奶	100 mL	1 小盒	

（续表）

餐次	食谱	食物原料	用量（可食部）	备注	烹饪方法
晚餐	番茄面	番茄	50 g		1. 番茄洗净切小块； 2. 不粘锅加热，倒入番茄，煮成糊状（可加无盐番茄酱调味，增加番茄浓度）； 3. 煮番茄时另起一锅煮面； 4. 番茄煮好后，关火装碗； 5. 将煮好的面放入盛有番茄的碗，拌匀即可
		面条	80 g		
		橄榄油	3 mL		
		纯番茄酱（无盐、无糖）	适量		
	秋葵酿虾仁	虾仁	50 g	可替换成其他蔬菜，如西兰花、黄瓜、西葫芦、芹菜等	方法一： 1. 秋葵洗净，沥干水分后切半刮瓤备用； 2. 用刀面把虾肉刮成糊，全部成泥后，用刀背轻敲虾泥，直至黏糊状，放 1 g 盐，适量胡椒粉，少许料酒； 3. 将混合好的虾仁夹入秋葵中； 4. 中火热锅，加入 10 mL 橄榄油，放入秋葵，将虾仁面朝下煎至熟透后翻面即可 方法二： 1. 秋葵切成段状； 2. 虾仁开背剔除虾线，洗净； 3. 秋葵沸水焯 20 秒，捞出后过冷水； 4. 热锅，倒入橄榄油，蒜末炒香，放入虾仁炒至变色，再加入秋葵，翻炒均匀，出锅前放入 1 g 盐或 5 mL 酱油； 5. 出锅装盘即可
		秋葵	50 g		
		盐	1 g		
		橄榄油	5 mL		
		胡椒粉、料酒	适量		

（续表）

餐次	食谱	食物原料	用量（可食部）	备注	烹饪方法
	芦笋草菇	芦笋	80 g	可替换成其他蔬菜如青菜、西芹、西兰花、丝瓜等	1. 芦笋洗净切段，草菇切半； 2. 锅中放水煮沸，放入 5 mL 橄榄油，将芦笋、草菇放入沸水中煮熟后，取出装盘； 3. 加 5 mL 鲜酱油，拌匀即可
		草菇	30 g	2 个	
		鲜酱油	5 mL		
		橄榄油	5 mL		
	鹰嘴豆菠菜浓汤	鹰嘴豆	25 g（干）	鹰嘴豆可用白芸豆、眉豆等杂豆替代	1. 鹰嘴豆提前泡一晚（可多加些水，鹰嘴豆吸水）； 2. 煮鹰嘴豆 30 分钟左右； 3. 菠菜洗净、切段、焯水； 4. 焯水的菠菜与鹰嘴豆一起放入破壁机，加 300 mL 水，按键加热搅拌即可（没破壁机可以不打成糊，直接食用）
			65 g（湿）		
		菠菜	50 g		
		盐	1 g		
加餐	水果	苹果	100 g	1 个	

第二天

餐次	食谱	食物原料	用量（可食部）	备注	烹饪方法
早餐	燕麦牛奶	即食燕麦	60 g		1. 加热牛奶，放入燕麦，熟煮即可； 2. 将白煮蛋切片，坚果撒在燕麦上食用
		全脂牛奶	200 mL	1 盒	
	白煮蛋	鸡蛋	60 g	1 个	
	坚果	核桃仁	8 g	可换成 1 个带壳核桃	
加餐	橙	橙	150 g	1 个	
午餐	杂粮饭	粳米	40 g		1. 黑米洗一遍，再加水浸泡 4 小时以上； 2. 山药洗净、去皮、切小块； 3. 粳米和泡好的黑米放入电饭煲，泡黑米的水一起放入，并加足量水（略多于煮白米饭的水）； 4. 放入山药，覆盖在米上，滴几滴油，煮熟即可
		黑米	40 g	可换成其他全谷类和杂豆类	
		山药	50 g	可换成其他薯类	
	红烧鸡腿	鸡腿	50 g		食用时，去鸡皮
		酱油	5 mL		

（续表）

餐次	食谱	食物原料	用量（可食部）	备注	烹饪方法
	荷兰豆拌番茄	荷兰豆	50 g	可换成其他豆类，如甜豌豆、豌豆、扁豆等	方法一： 1. 荷兰豆去蒂洗净，放入沸水中汆烫至碧绿； 2. 荷兰豆过几遍凉水沥干，将豆荚分两半备用，小番茄切半备用； 3. 5 mL 橄榄油、2.5 mL 醋，调成油醋汁，放入蔬菜，搅拌均匀； 4. 食用时撒上黑胡椒即可 方法二：用原味酸奶拌
		樱桃番茄	80 g	6个	
		橄榄油	5 mL		
		苹果醋	2.5 mL		可替换成黑醋、红酒醋、白酒醋、水果醋；也可用米醋
		黑胡椒	适量		可在油醋汁中加入黄芥末、蜂蜜、柠檬汁、蒜蓉、洋葱等调味
	上汤娃娃菜	娃娃菜	100 g	可换成其他叶菜类	1. 娃娃菜洗净，蘑菇切厚片； 2. 锅中放水 200 mL，煮沸后加入蘑菇，文火煮几分钟（取鲜味）； 3. 锅中加半汤匙油（5 mL），然后转武火，煮沸后立即加入蔬菜，用筷子上下翻匀，再次煮沸后，关火，加入 1 g 盐、适量胡椒粉，搅匀即可
		蘑菇	15 g	1个（可换成其他菌菇类）	
		盐	1 g		
		橄榄油	5 mL		
		胡椒粉	适量		

（续表）

餐次	食谱	食物原料	用量（可食部）	备注	烹饪方法
加餐	水果	香蕉	100 g	1个	
	奶制品	酸奶	100 mL	1小杯	
晚餐	杂粮饭	粳米	40 g		小米可与粳米一起煮
		小米	40 g		
	牡蛎豆腐汤	牡蛎	50 g	可换成其他贝类	1. 沥干牡蛎，豆腐切小块，小葱切末； 2. 锅中加油，放入葱姜，煸出香味后加水，放入牡蛎、豆腐和少许料酒，煮沸后，加1 g盐、些许葱，关火即可
		内酯豆腐	50 g		
		盐	1 g		
		橄榄油	3 mL		
		葱、姜、料酒	适量		
	西兰花胡萝卜	西兰花	50 g		1. 西兰花洗净后切块，胡萝卜洗净后切片，八角掰碎； 2. 不粘锅烧热后放入5 mL油，然后转文火，放入八角碎，文火煸1分钟，放入葱花，待葱花边缘开始大量冒泡时，放入西兰花和胡萝卜，翻炒1分钟，加入1汤匙清水，盖上锅盖，焖1分钟； 3. 水淀粉中加入1 g盐，淋入锅中，混合均匀，关火装盘即可
		胡萝卜	50 g		
		盐	1 g		
		橄榄油	5 mL		
		八角、葱花、水淀粉	适量		

（续表）

餐次	食谱	食物原料	用量（可食部）	备注	烹饪方法
	白灼青菜香菇	青菜	100 g		1. 青菜洗净，香菇切片； 2. 锅中加水煮沸，加 4 mL 油，放入香菇、青菜； 3. 烧熟后取出，装盘； 4. 加鲜酱油，搅拌均匀即可
		鲜香菇	15 g	1 个	
		鲜酱油	5 mL		
		橄榄油	4 mL		
加餐	水果	菠萝	100 g		

第三天

餐次	食谱	食物原料	用量（可食部）	备注	烹饪方法
早餐	豆花	内酯豆腐	120 g	1/3 盒	将内酯豆腐蒸热，加入 2.5 mL 生抽、香油、香菜、香葱、虾皮、紫菜等（可随喜好加入）
		生抽	2.5 mL		
		橄榄油	2.5 mL		
		香菜、葱、紫菜、虾皮	适量		

（续表）

<table>
<tr><th>餐次</th><th>食谱</th><th>食物原料</th><th>用量
（可食部）</th><th>备注</th><th>烹饪方法</th></tr>
<tr><td rowspan="7"></td><td rowspan="7">蔬菜鸡蛋煎饼</td><td>全麦粉</td><td>60 g</td><td></td><td rowspan="7">1. 胡萝卜、甘蓝洗净，切丝；
2. 面粉放入盆中，打入鸡蛋，加胡萝卜丝和甘蓝丝；
3. 加少量清水，搅匀成蔬菜面糊，放入0.5 g盐、适量胡椒粉，拌匀；
4. 不粘锅中放入油，烧至微热时转小火，舀入1大勺蔬菜面糊，摊开；
5. 可在面糊上撒葱花、芝麻（可不放）；
6. 一面凝固后翻面，盖上锅盖焖一会，待饼熟后关火即可</td></tr>
<tr><td>鸡蛋</td><td>60 g</td><td>1个</td></tr>
<tr><td>胡萝卜</td><td>30 g</td><td></td></tr>
<tr><td>甘蓝</td><td>25 g</td><td>1片</td></tr>
<tr><td>盐</td><td>0.5 g</td><td rowspan="3"></td></tr>
<tr><td>橄榄油</td><td>2.5 mL</td></tr>
<tr><td>葱、胡椒粉</td><td>适量</td></tr>
<tr><td rowspan="2">加餐</td><td>水果</td><td>火龙果</td><td>100 g</td><td></td><td rowspan="2"></td></tr>
<tr><td>奶制品</td><td>酸奶</td><td>100 g</td><td>1小盒</td></tr>
<tr><td rowspan="3">午餐</td><td rowspan="3">杂粮饭</td><td>粳米</td><td>40 g</td><td rowspan="2"></td><td rowspan="2">1. 将糙米浸泡3小时；
2. 将粳米和泡好的糙米放入电饭煲中，泡糙米的水一起放入，并加足水量（略多于煮白米饭的水）；
3. 紫薯切丁，放在米上，用电饭煲将饭煮熟即可</td></tr>
<tr><td>糙米</td><td>40 g</td></tr>
<tr><td>紫薯</td><td>50 g</td><td>可换成其他薯类如红薯、芋艿、山药等</td><td>如量多吃不下，可作为加餐食用</td></tr>
</table>

（续表）

餐次	食谱	食物原料	用量（可食部）	备注	烹饪方法
	盐水河虾	河虾	75 g	可替换成其他虾类	
		盐	1 g		
	黄瓜腐竹木耳	黄瓜	75 g	1/3 根	黄瓜、木耳、腐竹用水焯熟后，加酱油、橄榄油、醋拌匀即可
		腐竹（干）	10 g		
		木耳（干）	5 g		
		鲜酱油	5 mL		
		橄榄油	5 mL		
		醋	适量		
	水煮茼蒿	茼蒿	100 g		1. 茼蒿洗净，拦腰切开，使茎叶分开； 2. 白水1杯倒入锅中，武火煮开，加入橄榄油； 3. 先把茼蒿茎放入锅中，然后放入茼蒿叶，用筷子上下翻匀，武火沸腾后，再煮1分钟，使茎变软； 4. 把菜和汤盛入碗中，加入1 g盐即可
		盐	1 g		
		橄榄油	10 g		
加餐	奶制品	全脂牛奶	200 mL		

（续表）

餐次	食谱	食物原料	用量（可食部）	备注	烹饪方法
晚餐	杂粮饭	粳米	40 g		1. 燕麦米浸泡 4 小时以上，再和粳米一起煮； 2. 待米饭好时再将燕麦片放入，将其焖熟
		燕麦米	40 g	可换成即食燕麦	
	清蒸鲳鱼	鲳鱼	50 g		1. 鲳鱼洗净，背部开 2 个浅刀口，用姜汁在鱼身上略涂一下； 2. 姜、葱切丝放上鱼身，鱼放在盘上； 3. 锅中水煮沸，将鱼入锅蒸 10 分钟，可根据大小决定蒸鱼时间； 4. 蒸鱼时，另取一锅，在锅中加 2.5 mL 油，下葱、姜丝，立刻倒入 5 mL 酱油，1 汤匙水（15 mL）； 5. 鱼蒸好后，可将蒸出的水倒掉或留下一些，浇上汁即可
		鲜酱油	5 mL		
		橄榄油	2.5 mL		
		葱、姜	适量		
	番茄西葫芦	番茄	50 g	半个	1. 番茄洗净切小块，西葫芦洗净切薄片； 2. 不粘锅加热，加入 5 mL 油，倒入番茄煸炒，加些许水，将番茄煮烂； 3. 再放入西葫芦翻炒均匀，盖上锅盖煮 3 分钟，西葫芦熟后关火，加 1 g 盐翻匀，装盘即可
		西葫芦	50 g		
		盐	0.5 g		
		橄榄油	5 mL		

（续表）

餐次	食谱	食物原料	用量（可食部）	备注	烹饪方法
	煮生菜	生菜	100 g		1. 生菜洗净； 2. 锅中加水，加几粒花椒，煮开，加入半汤匙油（2.5 mL），然后放入生菜，煮沸1～2 分钟，取出装盘； 3. 菜上倒 5 mL 鲜酱油，拌开，即可
		鲜酱油	5 mL		
		橄榄油	2.5 mL		
		花椒	几粒		
加餐	水果	芦柑	100 g	可替换成其他柑橘类	

第四天

餐次	食谱	食物原料	用量（可食部）	备注	烹饪方法
早餐	三明治	全麦面包	80 g	2 片	1. 番茄洗净切片，生菜洗净； 2. 白煮蛋切片或做成荷包蛋的样子，用不粘锅无油烧熟； 3. 按自身喜好，将食材分层放在 1 片面包上，可撒黑胡椒粉调味
		生菜	30 g	1～2 片	
		番茄	50 g	半个	
		鸡蛋	60 g	半个	
		奶酪	20 g	1 片	
		黑胡椒	适量		

（续表）

餐次	食谱	食物原料	用量（可食部）	备注	烹饪方法
加餐	奶制品	全脂牛奶	200 mL		
	水果	冬枣	80 g	5 颗	可替换成等量的荔枝、香蕉、车厘子（3 颗）、樱桃（10 颗）
午餐	杂粮饭	粳米	40 g		提前一天浸泡薏苡仁
		薏苡仁	40 g		
	素炖鹰嘴豆	鹰嘴豆	50 g	可替换成白芸豆、眉豆、蚕豆、扁豆等杂豆	1. 鹰嘴豆浸泡过夜； 2. 放入水中武火煮开后转中文火炖 25 分钟，捞出备用； 3. 洋葱切丁，番茄、红椒、杏鲍菇切丁，大蒜切成末； 4. 不粘锅内加 5 mL 油，放大蒜和洋葱一起煸炒，中文火炒 2 分钟，直至洋葱变软； 5. 加入鹰嘴豆、甜椒、杏鲍菇、西红柿搅拌均匀，加入番茄酱翻炒 2 分钟； 6. 加入黑胡椒搅拌均匀； 7. 加 2 杯水搅拌，盖上盖子文火炖 30 分钟； 8. 加 2 g 盐，出锅装盘即可
		洋葱	80 g	半个	
		番茄	80 g	半个	
		杏鲍菇	25 g	半个	
		彩椒	40 g	1/4 个	
		大蒜	10 g	2 瓣	

（续表）

餐次	食谱	食物原料	用量（可食部）	备注	烹饪方法
		盐	2 g		
		橄榄油	10 mL		
		纯番茄酱（无盐、无糖）	15 mL	1 汤匙	
	素炒白菜	大白菜	100 g		
		胡萝卜	15 g		
		盐	1 g		
		橄榄油	5 mL		
加餐	奶制品	酸奶	100 mL		
晚餐	杂粮饭	粳米	40 g	可换成其他全谷类	粳米可与藜麦一起煮
		藜麦	40 g		
	黄鱼豆腐羹	黄鱼	50 g		1. 黄鱼破开后，将淤血部分擦掉（有腥味）； 2. 不粘锅内加入油，将葱段和姜片煸香，放入黄鱼，文火稍煎一下，不用翻面，鱼可以滑动，表示煎好了； 3. 锅中加入热水，煮沸后加入豆腐，煮6分钟； 4. 关火，加1 g盐、适量胡椒粉，撒上葱花、香菜即可
		豆腐	50 g		
		盐	1 g		
		橄榄油	2.5 mL		
		香菜、葱、姜	适量		

（续表）

餐次	食谱	食物原料	用量（可食部）	备注	烹饪方法
	炒双花	西兰花	50 g		1. 西兰花和花椰菜洗净，切成小块；草菇洗净，一切为二；八角 2 个掰碎；不粘锅烧热后加入 5 mL 油，转文火，放入八角碎，文火煸 1 分钟。 2. 放入葱花，待葱花边缘开始大量冒泡时，放入西兰花、花椰菜和草菇，翻炒 1 分钟。 3. 加 1 汤匙清水，盖上锅盖，焖 1 分钟。 4. 在水淀粉中加入 1 g 盐，淋入锅中，混合均匀，关火装盘即可
		花椰菜	50 g		
		草菇	15 g		
		盐	1 g	或 5 mL 鲜酱油	
		橄榄油	5 mL		
		八角，水淀粉	适量		
	拌菠菜	菠菜	100 g		方法一： 1. 菠菜沸水汆煮后，捞出沥干； 2. 不粘锅加热，加入 5 mL 油，放入蒜末煸香，然后将水汆的菠菜放入翻炒，关火，加盐，出锅即可 方法二：可水汆后加蒜末，醋，酱油拌匀
		蒜	10 g	2 瓣	
		盐	1 g	或 5 mL 鲜酱油	
		橄榄油	2.5 mL		
加餐	水果	樱桃	100 g		

第五天

餐次	食谱	食物原料	用量（可食部）	备注	烹饪方法
早餐	香蕉燕麦松饼	燕麦	30 g		1. 香蕉用勺子碾碎成香蕉泥，打进鸡蛋后加入燕麦，搅拌均匀成面糊； 2. 平底锅加热，加入橄榄油，中火，加入1勺面糊，煎2～3分钟翻面，直到松饼变成焦糖色，可以在松饼上加蓝莓
		鸡蛋	60 g		
		香蕉	100 g	1根	
	水果	树莓	50 g		
	奶制品	全脂牛奶	200 mL	1杯	
加餐	全麦面包	全麦面包	50 g	1片	
午餐	杂粮饭	粳米	40 g		1. 将大黄米浸泡过夜； 2. 将粳米和泡好的大黄米放入电饭煲中，泡大黄米的水一起放入，并加足水量（略多于煮白米饭的水）； 3. 土豆切丁后放在米上，用电饭煲将饭煮熟即可
		大黄米	40 g		
		土豆	50 g		
	青椒肉片	猪瘦肉	50 g		
		青椒	30 g		
		盐	1 g		
		橄榄油	5 mL		
		黑胡椒	适量		

（续表）

餐次	食谱	食物原料	用量（可食部）	备注	烹饪方法
	洋葱菌菇煮茄丁	茄子	100 g		1. 洋葱切碎，番茄切块，蘑菇对切成 1/4，茄子切丁； 2. 不沾锅中加入 5 mL 橄榄油，放入花椒粉、洋葱碎炒香，加蘑菇片，再加切丁炒软； 3. 加 1 杯水，煮沸，加番茄块和奶酪片煮化，再加 15 mL 无盐番茄酱，关火，加 1 g 盐和胡椒粉调味即可； 4. 不喜欢奶酪者可不用
		番茄	50 g	1 个	
		蘑菇	20 g	2 个	
		洋葱	30 g	1/4 个	
		低脂奶酪	10 g		
		盐	1 g		
		橄榄油	5 mL		
		花椒粉、胡椒粉、纯番茄酱（无盐、无糖）	适量		
	水煮空心菜	空心菜	100 g		空心菜水余后，加入蒜末、酱油、橄榄油搅拌均匀即可
		蒜	10 g	2 瓣	
		鲜酱油	5 mL		
		橄榄油	5 mL		

（续表）

餐次	食谱	食物原料	用量（可食部）	备注	烹饪方法
加餐	奶制品	酸奶	100 mL		
	水果	树莓	100 g	和早餐同	
晚餐	三色饭	胡萝卜	30 g	可购买速冻的杂菜 90 g	1. 将胡萝卜丁、豌豆粒、玉米粒蒸熟或煮熟、沥干； 2. 将蒸好的三丁拌入米饭中即可
		豌豆	30 g		
		玉米粒	30 g		
		粳米	50 g		
	蒜蓉蒸虾	基围虾	50 g	可换成其他虾或贝壳类，如对虾、扇贝等	1. 大蒜头切末，用牙签挑出虾线，将虾平铺在盘中； 2. 不粘锅烧热加入橄榄油，加入蒜末炒香后，关火； 3. 将蒜泥铺在虾上； 4. 将 5 mL 鲜酱油淋在虾上； 5. 蒸锅中水烧沸后，放入虾，中火蒸 8 分钟即可
		蒜	25 g	半个	
		鲜酱油	5 mL		
		橄榄油	5 mL		

（续表）

餐次	食谱	食物原料	用量（可食部）	备注	烹饪方法
	上汤青菜	青菜	100 g		1. 青菜去根洗净，蘑菇切片； 2. 锅中放 1 碗水烧沸，加入蘑菇片，煮 1 分钟； 3. 放入青菜，淋入油； 4. 翻匀后，焖 1 分钟，再开盖煮 1 分钟，加 1 g 盐即可
		蘑菇	20 g		
		盐	1 g		
		橄榄油	5 mL		
加餐	水果	山竹	100 g	可换成其他水果	

第六天

餐次	食谱	食物原料	用量（可食部）	备注	烹饪方法
早餐	平菇干丝汤面	平菇	30 g	可用其他菌菇	1. 平菇、油菜洗净； 2. 锅中放 5 mL 油，加葱花炒香，放 2 碗水，煮沸后放入平菇和厚百叶丝； 3. 煮沸后放入荞麦挂面，煮 3 分钟，加入油菜，煮沸后关火，加 1 g 盐调味即可
		厚百叶	60 g		
		油菜	50 g		
		荞麦挂面	60 g	可换成莜面等全谷类	
		盐	0.5 g		
		橄榄油	5 mL		
		葱花	适量		

（续表）

餐次	食谱	食物原料	用量（可食部）	备注	烹饪方法
加餐	水果	木瓜	100 g		
	奶制品	全脂牛奶	200 mL		
午餐	杂粮饭	粳米	40 g		紫薯可另蒸；可作为下午加餐
		红豆	40 g		
		紫薯	50 g		
	电饭煲焗鸡	鸡	100 g	可换成蒸或煮的形式	方法一： 1. 鸡洗净； 2. 将鸡放入电饭煲，按下煮饭按钮（不放水）； 3. 电饭煲转为保温时，放半碗水，按下煮饭按钮； 4. 电饭煲再次转为保温时，即可出锅； 5. 醮酱油吃 方法二：将酱油抹在鸡肉上，放入电饭煲或隔水蒸
		鲜酱油	5 mL		

（续表）

餐次	食谱	食物原料	用量（可食部）	备注	烹饪方法
	蟹味菇炒豆芽	蟹味菇	50 g	可换成其他菌菇类	1. 豆芽洗净去根，切成 3 cm 的长段；蟹味菇洗净，捞出沥干水分；彩椒、胡萝卜洗净切丝。 2. 锅中水烧开，将蟹味菇氽熟，取出。 3. 不粘锅烧热后加入 5 mL 油，下葱花、蒜末炒香，放入蟹味菇，翻炒均匀。 4. 下彩椒丝和豆芽略炒，翻炒均匀，关火，加入 1 g 盐装盘即可
		绿豆芽	100 g	可换成其他豆芽（如黑豆芽）	
		彩椒	20 g		
		盐	1 g	可换成 5 mL 酱油	
		橄榄油	5 mL		
	上汤油麦菜	油麦菜	100 g		方法一： 1. 油麦菜洗净，蘑菇切厚片； 2. 锅中放 200 mL 水，煮沸后加入蘑菇，文火煮几分钟； 3. 锅中放半汤匙油（5 mL），然后转大火，煮沸后立即放入油麦菜，用筷子上下翻匀，再次煮沸后，关火，加入 1 g 盐和适量胡椒粉搅匀即可 方法二：油麦菜和蘑菇用水氽熟后，加酱油、醋、橄榄油搅拌即可
		蘑菇	15 g		
		盐	1 g		
		橄榄油	5 mL		
		胡椒粉、醋	适量		

（续表）

餐次	食谱	食物原料	用量（可食部）	备注	烹饪方法
加餐	水果	香蕉	100 g		
	奶制品	酸奶	100 g		
晚餐	杂豆饭	粳米	40 g		
		芸豆	40 g		
	番茄鱼块	龙利鱼	50 g		1. 龙利鱼解冻后，擦干水分，切成 1.5 cm 的小块，加入 2 mL 橄榄油，少量黑胡椒、姜丝腌制 15 分钟； 2. 番茄顶端用刀划十字，放在滚水中烫一下，去皮； 3. 去皮的番茄切成小块； 4. 腌制好的鱼肉放在滚水中烫熟捞出备用； 5. 不粘锅烧热后，放 8 mL 油，放入切好的番茄，中火不断翻炒，番茄炒出汁后，加 15 mL 番茄酱继续翻炒，加入小半碗水； 6. 水开后，放入煮熟的鱼块，煮 2 分钟左右； 7. 加入水淀粉，收汁浓稠，关火，加入 1 g 盐、适量黑胡椒粉，出锅装盘即可
		番茄	150 g	1 个	
		盐	1 g		
		橄榄油	5 mL		
		黑胡椒、纯番茄酱（无盐、无糖）、水淀粉	适量		

（续表）

餐次	食谱	食物原料	用量（可食部）	备注	烹饪方法
	凉拌海带	海带（水发）	60 g		
		蒜	10 g	2 瓣	
		鲜酱油	5 mL		
	煮苋菜	苋菜	100 g		可水煮、可蒸；菜熟后，加 5 mL 酱油，拌匀即可
		鲜酱油	5 mL		
		橄榄油	5 mL		
加餐	水果	梨	100 g		

第七天

餐次	食谱	食物原料	用量（可食部）	备注	烹饪方法
早餐	鸡蛋卷饼	全麦粉	60 g		1. 全麦粉中，打入鸡蛋，加洗净切碎的虾皮、葱花，加水和成面糊，放 5 mL 油； 2. 在不粘锅上煎成软煎饼； 3. 将豆芽、冬笋丝焯熟沥干放入碗中，用 5 mL 酱油、适量胡椒粉调味，放在饼中，卷成卷，切段食用即可
		鸡蛋	60 g		
		虾皮	2 g		
		豆芽	50 g	可以换成别的蔬菜	
		冬笋丝	20 g		

（续表）

餐次	食谱	食物原料	用量 （可食部）	备注	烹饪方法
		酱油	2.5 mL		
		橄榄油	5 mL		
		胡椒粉	适量		
加餐	奶制品	全脂牛奶	200 mL		
	水果	葡萄	100 g		
午餐	杂粮饭	粳米	40 g		南瓜另蒸，也可作为下午加餐
		高粱米	40 g		
		南瓜	50 g		
	芦笋洋葱虾仁	虾仁	75 g		1. 虾仁用料酒和香菜碎抓匀，腌制15分钟； 2. 大蒜切片，胡萝卜和洋葱切条； 3. 芦笋削去外皮，滚刀切； 4. 水煮沸后，分别放入芦笋、胡萝卜，断生后取出，备用； 5. 不粘锅烧热加入橄榄油，爆香蒜片，放入虾仁，翻炒至透出香气； 6. 倒入洋葱翻炒几下； 7. 倒入胡萝卜、芦笋块，翻炒2分钟，关火，加1 g盐和适量黑胡椒，翻匀，可撒些香菜叶，装盘即可
		芦笋	40 g		
		洋葱	30 g		
		胡萝卜	15 g		
		蒜	5 g	1瓣	

（续表）

餐次	食谱	食物原料	用量（可食部）	备注	烹饪方法
		盐	1 g		
		橄榄油	5 mL		
		黑胡椒、香菜	适量		
	塔菜冬笋	塔菜	100 g	可换成其他绿叶菜	
		冬笋	15 g		
		盐	1 g		
		橄榄油	5 mL		
	白灼菜心	菜心	100 g		可蒸、可煮
		盐	1 g		
		橄榄油	5 mL		
加餐	奶制品	酸奶	200 mL	2 小杯	
	坚果	巴旦木	5 g	可换成其他坚果，如花生、扁桃仁、核桃、开心果仁等	
晚餐	杂粮饭	粳米	40 g		粳米可与藜麦一起煮
		藜麦	40 g		

（续表）

餐次	食谱	食物原料	用量（可食部）	备注	烹饪方法
	砂锅白菜豆腐	内酯豆腐	50 g		
		大白菜	100 g		
		盐	1 g		
		橄榄油	5 mL		
	韭菜干丝	韭菜	100 g		方法一： 1. 韭菜洗净切寸段，千张切丝； 2. 不粘锅烧热后，加入5 mL 油，放千张丝和韭菜煸炒，韭菜变软后，关火，加1 g 盐，出锅装盘即可 方法二：韭菜和千张水余熟后，加入5 mL 酱油、5 mL 橄榄油拌匀即可
		千张	10 g		
		盐	1 g		
		橄榄油	5 mL		
	莴笋木耳	莴笋	50 g		1. 莴笋洗净切丝，木耳泡发好切丝； 2. 锅中倒水，煮沸，将莴笋、木耳余熟，捞出，沥干，装盘； 3. 加入5 mL 酱油、适量醋，拌匀即可
		木耳(干)	5 g		
		鲜酱油	5 mL		
		醋	适量		
加餐	水果	猕猴桃	100 g	1个	

（二）第一周食谱汇总

	周一	周二	周三	周四	周五	周六	周日
早餐	藜麦麦片粥	燕麦牛奶	豆花	三明治（鸡蛋、奶酪、蔬菜）	香蕉燕麦松饼(鸡蛋)	平菇干丝汤面	鸡蛋卷饼
	花生仁	核桃仁	蔬菜鸡蛋煎饼				
	鸡蛋	鸡蛋			全脂牛奶		
	草莓				树莓		
加餐	全脂牛奶	橙	火龙果、酸奶	全脂牛奶、冬枣	全麦面包	木瓜、全脂牛奶	葡萄、全脂牛奶
中餐	杂豆饭（粳米、红豆、黑大豆）	杂粮饭（粳米、黑米、山药）	杂粮饭（粳米、糙米、紫薯）	杂粮饭（粳米、薏苡仁）	杂粮饭（粳米、大黄米、土豆）	杂粮饭（粳米、红豆、紫薯）	杂粮饭(粳米、高粱米、南瓜)
	煎秋刀鱼	红烧鸡腿	盐水河虾	素炖鹰嘴豆	青椒肉片	电饭煲焗鸡	芦笋洋葱虾仁
	炒蔬(茄子、洋葱、甜椒)	荷兰豆拌番茄	黄瓜腐竹木耳		洋葱菌菇煮茄丁	蟹味菇豆芽	塔菜冬笋
	番茄豆腐汤	上汤娃娃菜	水煮茼蒿	素炒白菜	水煮空心菜	上汤油麦菜	白灼菜心
加餐	酸奶	香蕉、酸奶	全脂牛奶	酸奶	树莓、酸奶	香蕉、酸奶	酸奶、巴旦木

（续表）

	周一	周二	周三	周四	周五	周六	周日
晚餐	番茄面	杂粮饭（粳米、小米）	杂粮饭（粳米、燕麦）	杂粮饭（粳米、藜麦）	三色饭（粳米、胡萝卜、豌豆、玉米粒）	杂豆饭（粳米、芸豆）	杂粮饭（粳米、藜麦）
	秋葵酿虾仁	牡蛎豆腐汤	清蒸鲳鱼	黄鱼豆腐羹		番茄鱼	砂锅白菜豆腐
	芦笋草菇	西兰花胡萝卜	番茄西葫芦	炒双花（西兰花、花椰菜）	蒜蓉蒸虾	凉拌海带	韭菜干丝
	鹰嘴豆菠菜浓汤	白灼青菜香菇	煮生菜	拌菠菜	上汤青菜	煮苋菜	莴笋木耳
加餐	苹果	菠萝	芦柑	樱桃	山竹	梨	猕猴桃

（三）第二周食谱

第一天

餐次	食谱	食物原料	用量（可食部）	备注	烹饪方法
早餐	蓝莓＋燕麦	蓝莓	15 g		1. 燕麦片加清水武火烧沸再用文火熬成粥；2. 新鲜蓝莓洗净后洒在燕麦粥上
		燕麦	25 g		

（续表）

餐次	食谱	食物原料	用量（可食部）	备注	烹饪方法
	水波蛋	鸡蛋	50 g		1. 水烧开至锅底有小气泡冒出； 2. 打入鸡蛋； 3. 等待 2～3 分钟，看到蛋白刚好全部凝固后即可
	奶制品	全脂牛奶	200 mL		
加餐	葡萄干＋杏干	葡萄干和杏干	20 g＋6 粒	无添加糖	
午餐	番茄蘑菇酱意大利面	粗粮意大利面	75 g		1. 意面投入开水锅，中火煮 8～10 分钟； 2. 浇上酱汁和蔬菜拌匀
		小番茄	10 个	也可直接购买番茄酱	
		蘑菇	30 g		
		洋葱、蒜	15 g，少量		
		盐、黑胡椒	0.5 g，适量		
	香煎鲱鱼	鲱鱼	100 g	可换成其他海鱼	1. 鲱鱼用干白和盐腌制 1 小时； 2. 煎锅烧热，两面各煎 4 分钟，撒上蒜粉
		干白葡萄酒	15 mL		
		盐	1 g		
		橄榄油	5 mL		
		大蒜粉	1 g		

（续表）

餐次	食谱	食物原料	用量（可食部）	备注	烹饪方法
	杏鲍菇豆腐	豆腐	50 g		1. 豆腐切块，煎至两面金黄； 2. 杏鲍菇和其他蔬菜切片、切丝 3. 炒香葱、姜、蒜，先后加入胡萝卜、杏鲍菇、木耳炒匀； 4. 加少许水，加入豆腐炖 5 分钟； 5. 加入调味料翻炒均匀即可
		杏鲍菇	50 g		
		胡萝卜	25 g		
		木耳	2 g		
		葱、姜、蒜	适量		
		盐、酱油	1 g，2.5 mL		
		橄榄油	5 mL		
		料酒、白糖	适量		
	上汤豆苗	豆苗	150 g		1. 蒜头炒香，加入高汤； 2. 武火将高汤煮沸，加入盐和豆苗； 3. 待豆苗色加深有点软即关火，撒些枸杞子即可
		高汤	适量		
		盐	1 g		
		蒜、枸杞子	适量		
加餐	坚果	核桃	2 个		

（续表）

餐次	食谱	食物原料	用量（可食部）	备注	烹饪方法
晚餐	糙米饭	糙米	25 g		蒸熟
		粳米	50 g		
	鸡胸肉炒洋葱	鸡胸肉	100 g		1. 鸡胸肉切丝，洋葱切条； 2. 先将洋葱炒出香味即加入鸡胸肉翻炒，加入调味料
		洋葱	50 g		
		盐	1 g		
		橄榄油	5 mL		
		黑胡椒	1 g		
	三丝茭白	茭白	100 g		炒熟
		胡萝卜	25 g		
		青椒	25 g		
		盐	1 g		
		橄榄油	5 mL		

（续表）

餐次	食谱	食物原料	用量（可食部）	备注	烹饪方法
	凉拌菠菜+白芝麻	菠菜	150 g		将菠菜烫熟后凉拌，撒上白芝麻
		白芝麻	少量		
		盐	0.5 g		
		橄榄油	5 mL		
		醋、蒜、白芝麻	适量		
加餐	水果	苹果	150 g		

第二天

餐次	食谱	食物原料	用量（可食部）	备注	烹饪方法
早餐	香葱煎饼	香葱	2 根		鸡蛋、面粉、葱花、胡椒和盐一起加水调成面糊后加入锅中两面煎熟
		鸡蛋	50 g		
		面粉	25 g		
		盐	0.5 g		
		胡椒	适量		
		橄榄油	2.5 mL		

（续表）

餐次	食谱	食物原料	用量（可食部）	备注	烹饪方法
	清炒荷兰豆	荷兰豆	50 g		少油快炒
		盐	0.5 g		
		葱蒜	适量		
		橄榄油	2.5 mL		
	红豆牛奶	红豆	10 g		红豆浸泡一晚后，放入高压锅煮软后，加入热牛奶中即可享用
		全脂牛奶	200 mL		
加餐	水果	西柚	100 g		
午餐	蒸紫薯	紫薯	200 g		蒸熟
	白灼明虾	明虾	100 g		明虾下锅中火煮沸后与调成的蘸汁一起食用
		蚝油	5 mL	相当于0.5 g盐	
		橄榄油	5 mL		
		葱、姜、醋	适量		
	盐水毛豆	毛豆	100 g		水煮
		盐	1 g		
		姜片	2片		

（续表）

餐次	食谱	食物原料	用量（可食部）	备注	烹饪方法
	香菇菜心	香菇	20 g		香菇和菜心用水氽熟后，加调料拌匀
		菜心	150 g		
		生抽	5 mL		
		橄榄油	5 mL		
加餐	坚果	开心果	10 颗		
晚餐	薏苡饭	糯米	20 g		蒸熟
		薏苡仁	15 g		
		粳米	40 g		
	番茄鲈鱼汤	鲈鱼	100 g		1. 鲈鱼轮切洗净，番茄去蒂切块，葱、姜切丝； 2. 锅中水沸后加入番茄、鲈鱼、橄榄油、醋和白酒； 3. 用盐调味后加入葱姜丝即可
		番茄	100 g		
		盐	1 g		
		橄榄油	5 mL		
		葱、姜、白酒、醋	适量		

（续表）

餐次	食谱	食物原料	用量（可食部）	备注	烹饪方法
	手撕茄子	茄子（紫皮、长形）	100 g		茄子隔水蒸 10 分钟后取出晾凉撕开，加调料拌匀
		生抽	5 mL		
		葱、蒜、醋	适量		
	蒜泥蓬蒿菜	蓬蒿	150 g		蓬蒿菜用水氽熟后，加生抽、橄榄油、蒜拌匀
		生抽	5 mL		
		蒜	适量		
		橄榄油	5 mL		
加餐	小胡萝卜	小胡萝卜	100 g		

第三天

餐次	食谱	食物原料	用量（可食部）	备注	烹饪方法
早餐	小米南瓜粥	小米	10 g		煮熟
		南瓜	50 g		

（续表）

餐次	食谱	食物原料	用量（可食部）	备注	烹饪方法
	鹌鹑蛋蔬菜沙拉	黄瓜	50 g		蔬菜分别切片切段，拌匀后淋上适量红酒醋，按口味加入少量白砂糖和橄榄油，与煮熟的鹌鹑蛋一起食用
		花叶生菜	50 g		
		樱桃番茄	2 个		
		鹌鹑蛋	2 个		
		红酒醋、白砂糖	适量		
		橄榄油	5 mL		
	奶制品	原味酸奶(可作为沙拉酱食用)	200 g		
加餐	水果	香蕉	100 g		
午餐	鲜煮玉米	玉米	200 g		水煮
	黑椒牛肉粒	牛里脊肉	50 g		炒熟
		洋葱、青椒、胡萝卜	10 g、15 g、15 g		
		盐	1 g		
		橄榄油	5 mL		
		黑胡椒、糖、淀粉	适量		

（续表）

餐次	食谱	食物原料	用量（可食部）	备注	烹饪方法
	花菜炒豆干	花菜	100 g		炒熟
		白豆干	25 g		
		盐	1 g		
		橄榄油	5 mL		
		葱、姜、蒜	适量		
	白灼芥兰	芥兰	150 g		芥兰汆烫后捞出调味
		生抽	5 mL		
		葱	适量		
加餐	坚果	开口松子	10 粒		
晚餐	绿豆饭	粳米	50	粳米：绿豆＝3：1	1. 三文鱼片放入由白味噌、米酒、味淋和糖混合制成的腌泡汁中充分浸泡 6～24 小时。腌制期间放入冰箱冷藏，封上保鲜膜；
		绿豆	15	绿豆提前浸泡一晚	
	味噌三文鱼	三文鱼片	170～225 g		
		白味噌	30 mL		
		日本米酒	10～15 mL		

（续表）

餐次	食谱	食物原料	用量（可食部）	备注	烹饪方法
		味淋	10～15 mL		2. 烤箱预热 190.5℃（375 华氏度），烤 10 分钟，按口味挤上柠檬汁即可
		糖	10 g		
		柠檬角块	2～3 只		
	凯撒沙拉	羽衣甘蓝	50 g		蔬菜切段拌好后，撒上干酪和适量低脂沙拉酱，最好是低脂酸奶和牛油果酱
		生菜	50 g		
		帕马森干酪	10 g		
		沙拉酱	10 mL	可用低脂酸奶或牛油果酱代替	
	上汤娃娃菜	娃娃菜	150 g		高汤煮沸后，放入切好的娃娃菜，煮至变软，放入虾皮
		高汤	1 碗		
		虾皮	2 g		
		盐	1 g		
		橄榄油	5 mL		
加餐	干枣	干枣	6 粒	无糖	

第四天

餐次	食谱	食物原料	用量（可食部）	备注	烹饪方法
早餐	吞拿鱼三明治	全麦吐司	50 g	1片	取适量罐装吞拿鱼与蔬菜一起夹在面包中食用
		生菜	50 g		
		番茄	25 g		
		吞拿鱼罐头	25 g		
	蔓越莓干+原味酸奶	蔓越莓干	20 g		
		原味酸奶	200 mL		
加餐	水果	提子	80 g		
午餐	荞麦面	荞麦面	75 g		沸水中煮熟。按口味沥干后食用或与面汤一起食用
	盐水河虾	河虾	150 g		1. 锅中放水加入香葱、姜和料酒； 2. 水烧沸，加入盐调味后，倒入河虾，煮至虾全部变红
		盐	1 g		
		香葱、姜、料酒	适量		
	双色萝卜丝	红萝卜	50 g		两种萝卜切丝后与调料拌匀
		白萝卜	100 g		
		生抽	5 mL		

（续表）

餐次	食谱	食物原料	用量（可食部）	备注	烹饪方法
		橄榄油	5 mL		
		醋	适量		
	水煮油麦菜	油麦菜	150 g		
		盐	1 g		
		橄榄油	5 mL		
加餐	坚果	扁桃仁（原味，无盐）	20 g		
晚餐	黑米饭	黑米	15 g		蒸熟
		粳米	50 g		
		花生	10 g		
	清蒸桂鱼	桂鱼	100 g		鱼抹上少量盐、醋和料酒腌渍 10 分钟，蒸锅蒸 10 分钟后加入葱、姜丝，再蒸 2 分钟后淋上蒸鱼豉油
		蒸鱼豉油	5 mL		
		姜、大葱、香葱、醋、料酒	适量		

（续表）

餐次	食谱	食物原料	用量（可食部）	备注	烹饪方法
	凉拌木耳	鲜木耳（水发）	100 g		凉拌
		胡萝卜	25 g		
		香菜、洋葱、红辣椒、甜椒	适量		
		生抽	5 mL		
	白灼橄榄菜	橄榄菜	150 g		橄榄菜焯水断生后捞起并沥干水分，淋上生抽
		生抽	5 mL		
		橄榄油	5 mL		
加餐	水果	小番茄	150 g		

第五天

餐次	食谱	食物原料	用量（可食部）	备注	烹饪方法
早餐	地瓜粥	红薯	100 g		红薯去皮切块，和粳米一起文火熬成粥
		粳米	20 g		

（续表）

餐次	食谱	食物原料	用量（可食部）	备注	烹饪方法
	西葫芦杂粮蛋饼	西葫芦	50 g		4种食材处理后搅拌均匀成可流动状面糊置锅里，中至文火两面各煎约2分钟
		荞麦粉	5 g		
		面粉	25 g		
		鸡蛋	25 g		
		橄榄油	5 mL		
	杏仁＋原味酸奶	杏仁	15 g		
		原味酸奶	200 mL		
加餐	鲜橙汁	鲜橙	150 g	也可直接吃	榨汁机榨汁
午餐	玉米面花卷	玉米面	15 g		1. 可买市售半成品回来蒸熟； 2. 也可以将面粉、玉米面混合，加入温水化开的酵母粉发至2～3倍大小的面团。切段后中火蒸25分钟
		面粉	60 g		
		酵母粉	2 g		
	鳕鱼豆腐汤	鳕鱼	100 g		1. 鳕鱼切块，葱、姜、蒜炝锅后略煎一下； 2. 加水烧沸后放豆腐块，武火烧沸后中火炖10分钟，调味
		豆腐	50 g		

（续表）

餐次	食谱	食物原料	用量（可食部）	备注	烹饪方法
		盐	1 g		
		橄榄油	5 mL		
		葱、姜、料酒、胡椒粉、香菜	适量		
	凉拌海带丝	海带	100 g		凉拌
		生抽	5 mL		
		橄榄油	5 mL		
		醋、蒜	适量		
	清炒草头	草头	150 g		使用不粘锅，少油武火快炒
		盐	1 g		
		橄榄油	5 mL		
加餐	坚果	碧根果（无盐、无糖）	10 g		

（续表）

餐次	食谱	食物原料	用量（可食部）	备注	烹饪方法
晚餐	小米饭	小米	60 g		混合一起蒸熟
		粳米	15 g		
	香橙鸭胸肉	鸭胸肉	100 g	也可用平底锅煎熟	1. 鸭胸肉切斜刀加盐和胡椒腌一下，橙子榨出橙汁； 2. 橙汁加入姜和八角煮到浓稠成酱汁，加入生抽和蜂蜜调味； 3. 鸭胸肉直接中火煎带鸭皮部分5分钟，另一面煎30秒； 4. 鸭胸肉放进预热好的180℃烤箱中烤7分钟； 5. 鸭胸肉从烤箱中取出静置2分钟后切块，淋上酱汁即可
		橙子	50 g		
		生抽	2.5 mL		
		姜（2片）、蜂蜜（1小勺）			
		黑胡椒（适量）、八角（1个）			
	什锦玉米笋	玉米笋	100 g		食材切好后，用沸水汆熟，捞出、沥干，加调料拌匀
		黄瓜	25 g		
		胡萝卜	15 g		
		生抽	5 mL		
		橄榄油	5 mL		

（续表）

餐次	食谱	食物原料	用量（可食部）	备注	烹饪方法
	清炒芦蒿	芦蒿	150 g		方法一：芦蒿水汆后，少油武火快炒 方法二：芦蒿水汆熟后，加酱油、橄榄油搅拌均匀
		盐	1 g	可换成 5 mL 酱油	
		橄榄油	5 mL		
加餐	水果	枇杷	150 g	5 颗	

第六天

餐次	食谱	食物原料	用量（可食部）	备注	烹饪方法
早餐	全麦吐司＋牛油果(酱)	全麦吐司	50 g		吐司涂上适量果酱后直接食用
		牛油果	100 g		
	芦笋凉拌核桃仁	芦笋	50 g		芦笋焯熟，捞出沥干水分，和核桃仁、盐、橄榄油拌匀
		核桃仁	10 g		
		盐	0.5 g		
		橄榄油	5 mL		

（续表）

餐次	食谱	食物原料	用量（可食部）	备注	烹饪方法
	草莓＋原味酸奶	草莓	50 g		草莓洗净，沥干水分，切片后拌入酸奶
		原味酸奶	200 g		
加餐	水果	奇异果	100 g		
午餐	蒸红薯	红薯	250 g		蒸熟
	盐水白米虾	白米虾	100 g		1. 锅内放水，加葱、姜、料酒，煮沸； 2. 加入虾和少量盐，再次煮沸即可
		盐	1 g		
		料酒、姜、葱	适量		
	拌甜豆	甜豆	100 g		食材用水氽熟后，加调料拌匀
		胡萝卜	25 g		
		木耳	2 g		
		醋	适量		
		橄榄油	5 mL		
	炒杭白菜	杭白菜	150 g		少油快炒
		盐	1 g		
		橄榄油	5 mL		

（续表）

餐次	食谱	食物原料	用量（可食部）	备注	烹饪方法
加餐	坚果	腰果（无盐）	8 颗		
晚餐	紫米饭	糯米（紫）	15 g		一起蒸熟
		粳米	60 g		
	烤金枪鱼	金枪鱼排	100 g		1. 食材和所有调料混合后放入烤盘，盖上盖后冷藏 1～2 小时； 2. 烤箱预热 180℃，每一面烤 3 分钟
		雪利酒	80 mL		
		大蒜	1 头	捣碎	
		青柠檬汁	15 mL		
		酱油	5 mL		
		橄榄油	5 mL		
	凉拌苦瓜	苦瓜	100 g		凉拌
		木耳	2 g		
		生抽	5 mL		
		橄榄油	5 mL		

（续表）

餐次	食谱	食物原料	用量（可食部）	备注	烹饪方法
	炒枸杞菜	枸杞菜	150 g		方法一：少油快炒 方法二：锅中加水煮沸，加入橄榄油，再加入枸杞菜，煮熟捞出，加适量鲜酱油、醋拌匀
		盐	1 g		
		橄榄油	5 mL		
加餐	柠檬水	柠檬片	15 g		柠檬切片，倒入沸水，按口味加入蜂蜜
		蜂蜜	2 g		

第七天

餐次	食谱	食物原料	用量（可食部）	备注	烹饪方法
早餐	玉米面薄饼（卷生菜）	玉米粉	5 g		1. 玉米粉和面粉和匀后擀成薄饼状，放进电饼铛中，两面各 2 分钟； 2. 与生菜一起食用
		面粉	20 g		
		生菜	25 g		
	秋葵蒸蛋	秋葵	25 g		1. 秋葵切片，鸡蛋打散，按 1 ∶ 1 比例加水；

（续表）

餐次	食谱	食物原料	用量（可食部）	备注	烹饪方法
		鸡蛋	50 g		2. 加入橄榄油，蒸 8 分钟左右； 3. 蛋蒸好后浇上鲜酱油
		鲜酱油	2.5 mL		
		橄榄油	5 mL		
	车达奶酪（Cheddar cheese）	车达奶酪	20 g	大型超市有销售	
加餐	水果沙拉	苹果	50 g		水果切块后，撒入少许肉桂粉拌匀
		梨子	50 g		
		肉桂粉（无添加蔗糖）	少量		
午餐	蒸南瓜	南瓜	300 g		蒸熟
	清蒸鲳鱼	鲳鱼	100 g		蒸锅蒸熟
		蒸鱼豉油	5 mL		
		葱、姜	适量		

（续表）

餐次	食谱	食物原料	用量（可食部）	备注	烹饪方法
	凉拌心里美萝卜	心里美萝卜	100 g		凉拌
		盐	1 g		
		橄榄油	5 mL		
		白芝麻、小葱	适量		
	白菜云耳	白菜	200 g		方法一：白菜和木耳先用沸水汆断生后，入锅翻炒下 方法二：蔬菜水汆后直接加调料拌匀
		木耳	2 g		
		盐	1 g	可换成 5 mL 酱油	
		橄榄油	5 mL		
加餐	榛子仁	榛子仁（无盐）	8 颗		
晚餐	白芸豆西兰花意面＋帕马森干酪	全麦意大利通心粉(弯管)	75 g		1. 按通心粉产品包装说明书煮熟通心粉，留一小杯煮面汤后，沥干通心粉水分； 2. 中高火热油后，转文火炒洋葱 1～2 分钟，加入蒜瓣、牛至叶和黑胡椒一起炒香；
		白芸豆（罐装，无盐）	10 g		
		西兰花	50 g		

（续表）

餐次	食谱	食物原料	用量（可食部）	备注	烹饪方法
		帕马森干酪	10 g		3. 加入去根茎的西兰花，小火翻炒 4 分钟； 4. 加入沥干罐头中水分的白芸豆，加入少量盐调味，继续文火翻炒 3 分钟； 5. 加入事先做好的通心粉和一小杯面汤，再加入西芹和帕玛森干酪，持续翻炒均匀收汁即可
		红洋葱、蒜瓣	适量		
		欧芹叶、牛至叶	少量		
		盐	1 g		
		黑胡椒	少量		
	煎羊排	羊排	100 g		1. 羊排两面抹上橄榄油、盐和黑胡椒，腌制 30 分钟； 2. 煎锅热油，羊排两面大火煎各 1～2 分钟后，再转文火煎至个人喜欢的程度
		橄榄油	5 mL		
		盐	1 g		
		黑胡椒	适量		
	炒三丝	莴笋	100 g		食材切丝后下锅翻炒炒熟
		竹笋	25 g		
		胡萝卜	25 g		
		盐	1 g		
		橄榄油	5 mL		

（续表）

餐次	食谱	食物原料	用量（可食部）	备注	烹饪方法
	蚝油拌生菜	生菜	150 g		1. 生菜放入沸水中20秒后捞出沥干； 2. 爆香蒜头，加入蚝油后文火炒香，直接淋在生菜上拌匀
		蒜头	适量		
		蚝油	5 mL		
加餐	小黄瓜	小黄瓜	100 g		

（四）第二周食谱汇总

	周一	周二	周三	周四	周五	周六	周日
早餐	燕麦＋蓝莓	香葱煎饼	小米南瓜粥	吞拿鱼三明治（生菜、番茄片、全麦吐司、罐头吞拿鱼）	地瓜粥	全麦吐司＋牛油果(酱)	玉米面薄饼（卷生菜）
	水波蛋	清炒荷兰豆	鹌鹑蛋蔬菜沙拉		西葫芦杂粮蛋饼	芦笋凉拌核桃仁	秋葵蒸蛋
	全脂牛奶	红豆牛奶	原味酸奶	蔓越莓干＋原味酸奶	杏仁＋原味酸奶	草莓＋原味酸奶	车达奶酪(Cheddar cheese)
加餐	葡萄干＋杏干	西柚	香蕉	提子	鲜橙汁	奇异果	水果沙拉（苹果，梨子和肉桂粉）

（续表）

	周一	周二	周三	周四	周五	周六	周日
午餐	番茄蘑菇酱意大利面	蒸紫薯	鲜煮玉米	荞麦面	玉米面花卷	蒸红薯	蒸南瓜
	香煎鲱鱼	白灼明虾	黑椒牛肉粒	盐水河虾	鳕鱼豆腐汤	盐水白米虾	清蒸鲳鱼
	杏鲍菇豆腐	盐水毛豆	花菜炒豆干	双色萝卜丝	凉拌海带丝	拌甜豆	凉拌心里美萝卜
	上汤豆苗	香菇菜心	白灼芥兰	水煮油麦菜	清炒草头	炒杭白菜	白菜云耳
加餐	核桃	开心果	开口松子	扁桃仁	碧根果	腰果	榛子仁
晚餐	糙米饭（粳米、糙米）	薏米饭(粳米、糯米、薏苡仁)	绿豆饭(粳米、绿豆)	黑米饭(粳米、黑米、花生)	小米饭（粳米、小米）	紫米饭（粳米、紫糯米）	白芸豆西兰花意面＋帕马森干酪
	鸡胸肉炒洋葱	番茄鲈鱼汤	味增三文鱼	清蒸桂鱼	香橙鸭胸肉	烤金枪鱼	煎羊排
	三丝茭白(茭白、胡萝卜、青椒)	手撕茄子	凯撒沙拉(羽衣甘蓝、生菜、帕马森干酪)	凉拌木耳	什锦玉米笋(玉米笋＋黄瓜＋胡萝卜)	凉拌苦瓜	炒三丝(莴笋、竹笋、胡萝卜)
	凉拌菠菜＋白芝麻	蒜泥蓬蒿菜	上汤娃娃菜	白灼橄榄菜	清炒芦蒿	炒枸杞菜	蚝油拌生菜
加餐	苹果	小胡萝卜	干枣	小番茄	枇杷	柠檬水	小黄瓜

（五）第三周食谱

第一天

餐次	食谱	食物原料	用量（可食部）	备注	烹饪方法
早餐	牛油果香蕉奶昔	牛油果	25 g		
		香蕉	50 g	半根	
		全脂牛奶	100 mL		
	全麦面包	全麦面包	80	2 片	
	白煮蛋	鸡蛋	60 g	1 个	
加餐	奶制品	酸奶	100 mL		
午餐	糙米饭	糙米	25 g	可换成其他全谷类	
		粳米	75 g		
	柠檬烤鸡腿	柠檬	15 g		1. 鸡腿洗净，肉厚的地方改几刀利于入味，预热烤箱 220℃； 2. 鸡腿中放入盐和黑胡椒，揉捏几分钟； 3. 将鸡腿放入烤盘，柠檬洗净切片，放入烤盘； 4. 放入烤箱，220℃，40 分钟
		鸡腿	100 g		
		盐	1 g		
		黑胡椒	适量	可加其他喜欢的香料	

（续表）

餐次	食谱	食物原料	用量（可食部）	备注	烹饪方法
	炒节瓜	节瓜	200 g	可换成其他瓜类	方法一： 1. 节瓜洗净，切片； 2. 不粘锅加热，加入 5 mL 橄榄油，放入节瓜，翻炒 1 分钟至熟后，关火，加盐，装盘 方法二：可煮熟或蒸熟，加 5 mL 酱油，5 mL 橄榄油搅拌均匀
		盐	1 g		
		橄榄油	5 mL		
	番茄娃娃菜	番茄	100 g	1 个	1. 娃娃菜洗净切小块，西红柿洗净切块； 2. 不粘锅加热，倒入 5 mL 橄榄油，放入番茄，炒出汁水后，放入娃娃菜； 3. 加少许水，中火煮沸，文火煨至娃娃菜酥软； 4. 关火，加盐，装盘
		娃娃菜	150 g	可换成其他蔬菜	
		盐	1 g		
		橄榄油	5 mL		
加餐	开心果 + 黄瓜	开心果	15 g	可换成其他坚果	
		黄瓜	100 g	半根	
晚餐	燕麦杂粮饭	燕麦	40 g	可换成其他全谷类	
		粳米	40 g		

（续表）

餐次	食谱	食物原料	用量（可食部）	备注	烹饪方法
	香煎三文鱼	三文鱼	100 g	可换成其他深海鱼	1. 三文鱼表面均匀地抹上 1 g 盐，撒上黑胡椒，腌制 10 分钟； 2. 不粘锅加热，锅热后加入橄榄油，煎鱼，皮朝下，煎 2 分钟（根据鱼的厚薄决定具体时间）； 3. 翻面，煎另一面 2 分钟，煎熟后，出锅、装盘
		盐	1 g		
		橄榄油	5 mL		
		黑胡椒	适量		
	蒜蓉生菜	生菜	200 g	可换成其他深色叶菜	生菜用水氽熟后，加入蒜、鲜酱油、橄榄油、醋、搅拌均匀
		蒜	10 g	2 瓣	
		鲜酱油	5 mL		
		橄榄油	5 mL		
		醋	适量		
	烤口蘑	鲜蘑菇	100 g	使用平底锅也可	方法一： 1. 口蘑表面洗净，去梗，控干水分； 2. 口蘑倒放在烤盘（根朝上），撒上盐（可不撒），放入烤箱，200℃，20 分钟（口蘑中的汤汁很鲜美，小心别打翻）
		盐	1 g		
		橄榄油	5 mL	烤箱烤可不用油	

（续表）

餐次	食谱	食物原料	用量（可食部）	备注	烹饪方法
					方法二： 1. 平底锅加热，倒入橄榄油，小火，先将蘑菇口朝下煎1分钟； 2. 翻面，继续煎，看到蘑菇口中充满液体时，关火。用筷子醮些盐，在每个口蘑里点一下，取出装盘即可
加餐	水果	脐橙	200 g	1个	

第二天

餐次	食谱	食物原料	用量（可食部）	备注	烹饪方法
早餐	鸡毛菜荞麦面	鸡毛菜	50 g	可换成其他叶菜	
		荞麦面	75 g	可换成莜面等	
		盐	0.5 g		
		橄榄油	5 mL		
	腌黄瓜片	黄瓜	100 g		
		酱油	2.5 mL		
		醋	适量		
加餐	奶制品	全脂牛奶	200 mL	1杯	

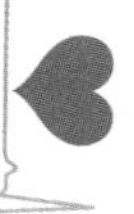

（续表）

餐次	食谱	食物原料	用量（可食部）	备注	烹饪方法
午餐	米饭+蒸南瓜	粳米	25 g		
		南瓜	125 g		
	清蒸龙利鱼	龙利鱼	100 g		
		盐	1 g		
		葱、姜、蒜	适量		
	丝瓜木耳	丝瓜	300 g		
		木耳	5 g		
		盐	1 g		
		橄榄油	5 mL		
	上汤菠菜	菠菜	150 g		菠菜先沸水焯下，去掉涩味，再放入汤中；也可食用拌菠菜（沸水中加入油，然后放入菠菜，煮沸，沸滚1分钟，取出，控干，装入碗中，放入盐、醋、油拌匀）。加了醋的菠菜须当餐吃完
		盐	1 g		
		橄榄油	5 mL		
加餐	水果	葡萄	200 g	可换成其他水果	

（续表）

餐次	食谱	食物原料	用量（可食部）	备注	烹饪方法
晚餐	小米饭	小米	40 g		煮熟
		粳米	40 g		
	洋葱排条	洋葱	25 g		
		大排	75 g		
		酱油	5 mL		
		橄榄油	5 mL		
	凉拌莴笋胡萝卜丝	莴笋	150 g		
		胡萝卜	25 g		
		鲜酱油	5 mL		
		橄榄油	5 mL		
		醋	适量		
	煮菜心	青菜	250 g		
		盐	1 g		
		橄榄油	5 mL		
加餐	坚果	核桃	10 g		

第三天

餐次	食谱	食物原料	用量（可食部）	备注	烹饪方法
早餐	酸奶麦片	酸奶	100 g	1小杯	
		燕麦片	25 g		
	水果	木瓜	200 g		
加餐	水果	苹果	175 g	1个	
午餐	米饭＋玉米	粳米	75 g		
		玉米	100 g		
	盐水基围虾	基围虾	75 g		
		盐	1 g		
	白灼芥蓝	芥蓝	250 g		沸水中加橄榄油，放入芥蓝，煮熟后捞出沥干装盘，倒入鲜酱油拌匀
		鲜酱油	5 mL		
		橄榄油	5 mL		
	番茄蘑菇蛋汤	番茄	100 g		
		蘑菇	25 g		

（续表）

餐次	食谱	食物原料	用量（可食部）	备注	烹饪方法
		鸡蛋	5 g		
		盐	1 g		
		橄榄油	5 mL		
加餐	坚果	小核桃	15 g		
晚餐	糙米饭	粳米	25 g		
		糙米	25 g		
	鸡胸肉色拉	鸡胸肉	75 g		
		黄瓜	50 g		
		球生菜	150 g		
		洋葱	25 g		
		橄榄油	5 mL		
		黑醋	适量	可替换成其他醋，如苹果醋、葡萄酒醋等，也可用白醋	
	爽脆黑木耳	黑木耳（干）	10 g		
		鲜酱油	5 mL		
		橄榄油	5 mL		

（续表）

餐次	食谱	食物原料	用量（可食部）	备注	烹饪方法
	蒜蓉西兰花	蒜	10 g	2瓣	
		西兰花	200 g	可换成花菜	
		盐	1 g		
		橄榄油	5 mL		
加餐	低GI饼干+水果	低GI饼干	20 g	可换成全麦面包	
		草莓	100 g	可换成其他水果	

第四天

餐次	食谱	食物原料	用量（可食部）	备注	烹饪方法
早餐	豆浆	豆浆	200 mL	市售豆浆即可	若自制，豆：水=1：20为宜，豆浆别太浓
	哈密瓜	哈密瓜	150 g	可换成其他瓜果	
	玉米窝窝头	玉米	25 g		
		面粉	50 g		
	白煮蛋	鸡蛋	60 g	1个	

（续表）

餐次	食谱	食物原料	用量（可食部）	备注	烹饪方法
加餐	红枣莲子羹	红枣	30 g		
		莲子	15 g		
午餐	糙米饭	粳米	25 g		
		糙米	25 g		
	清蒸鲈鱼	鲈鱼	100 g	可换成其他鱼类	
		鲜酱油	5 mL		
		葱、姜	适量		
	春季什锦菜	荷兰豆	50 g		所有材料放入沸水煮熟，捞出，沥干，装盘，倒入橄榄油、鲜酱油搅拌均匀
		木耳	5 g		
		山药	150 g		
		藕片	50 g		
		百合	10 g		
		胡萝卜	25 g		
		鲜酱油	5 mL		
		橄榄油	5 mL		

（续表）

餐次	食谱	食物原料	用量（可食部）	备注	烹饪方法
	红烧茄子	茄子	200 g		茄子洗净，切滚刀块；不粘锅加热，锅热后，倒入橄榄油，加入茄子炒熟，关火；加入酱油拌匀
		鲜酱油	5 mL		
		橄榄油	5 mL		
加餐	水果	柚子	200 g		
晚餐	菜包	青菜	150 g		
		面粉	100 g	可用全麦粉	
		香干	10 g		
		盐	0. 5 g		
	番茄炖牛腩	番茄	150 g		
		牛腩	100 g		
		盐	0. 5 g		
		橄榄油	5 mL		
	橄榄油芦笋	芦笋	150 g		芦笋切段，沸水煮熟后，捞出，沥干，加入鲜酱油拌匀
		酱油	5 mL		
		橄榄油	3 mL		

（续表）

餐次	食谱	食物原料	用量（可食部）	备注	烹饪方法
	水煮杭菜	杭菜	200 g		锅中加水煮沸，倒入橄榄油，加入杭菜，煮熟后，捞出，加盐调味
		盐	1 g	可换成 5 mL 鲜酱油	
		橄榄油	5 mL		
加餐	奶制品	全脂牛奶	200 mL		

第五天

餐次	食谱	食物原料	用量（可食部）	备注	烹饪方法
早餐	自制鸡蛋三明治	面包	100 g	2 片	
		鸡蛋	60 g	1 个	
		番茄	100 g		
		生菜	100 g		
	凉拌万年青	万年青	25 g	可换成其他绿叶菜	
		鲜酱油	2 mL		

（续表）

餐次	食谱	食物原料	用量（可食部）	备注	烹饪方法
		橄榄油	2.5 mL		
		醋	适量		
加餐	苹果酸奶	苹果	75 g		
		酸奶	100 g	1 小杯	
午餐	小米饭	小米	40 g		
		粳米	40 g		
	红枣乌鸡汤	红枣	10 g		
		乌鸡	100 g		
		盐	1 g		
	青椒土豆丝	青椒	50 g		
		土豆	150 g	1 个	
		盐	1 g		
		橄榄油	5 mL		
		醋	适量		

（续表）

餐次	食谱	食物原料	用量（可食部）	备注	烹饪方法
	芹菜胡萝卜	芹菜	150 g		1. 芹菜和胡萝卜水氽断生； 2. 不粘锅加热，倒入橄榄油，加入芹菜、胡萝卜，翻炒 2 分钟，关火，加盐
		胡萝卜	50 g		
		盐	1 g		
		橄榄油	5 mL		
加餐	藜麦红薯粥	藜麦	25 g	可换成其他全谷类	
		红薯	125 g		
晚餐	玉米杂粮饼	玉米粉	25 g		
		面粉	50 g		
	盐水沼虾	沼虾	100 g	可换成其他虾类	
		盐	1 g		
	凉拌蓬蒿菜	蓬蒿菜	250 g	可换成其他深色叶菜	
		鲜酱油	5 mL		
		橄榄油	5 mL		
		醋、蒜	适量		

（续表）

餐次	食谱	食物原料	用量（可食部）	备注	烹饪方法
	菌菇汤	鲜香菇	50 g	可换成其他菌菇类	
		蟹味菇	50 g		
		鲜蘑菇	50 g		
		盐	1 g		
		橄榄油	5 mL		
加餐	水果	樱桃	100 g		

第六天

餐次	食谱	食物原料	用量（可食部）	备注	烹饪方法
早餐	蔬菜色拉	西生菜	100 g	可换成其他蔬菜	
		青椒	50 g		
		番茄	100 g		
		橄榄油	2. 5 mL		
		苹果醋	2. 5 mL		

（续表）

餐次	食谱	食物原料	用量（可食部）	备注	烹饪方法
	小米蒸糕	小米	50 g		
	橄榄油蒸蛋	鸡蛋	60 g		
		橄榄油	几滴		
		鲜酱油	2.5 mL		
加餐	火龙果	火龙果	200 g	半个	
午餐	糙米饭	粳米	25 g		
		糙米	25 g		
	香菇蒸银鳕鱼	香菇	5 g		
		银鳕鱼	100 g	可换成其他鱼类	
		鲜酱油	5 mL		
	蒜蓉四季豆	四季豆	150 g	可换成其他蔬菜类	
		蒜	5 g		
		鲜酱油	5 mL		
		橄榄油	5 mL		

（续表）

餐次	食谱	食物原料	用量（可食部）	备注	烹饪方法
	糖醋藕片	藕片	150 g	可换成其他蔬菜	
		酱油	2.5 mL		
		橄榄油	5 mL		
		醋、糖	适量（10 g）		
加餐	坚果	扁桃仁	15 g		
晚餐	五谷饭	小米	10 g	可换成其他全谷类	煮熟
		红豆	5 g		
		藜麦	15 g		
		粳米	50 g		
	清炒虾仁	虾仁	100 g		胡萝卜切丁；玉米和胡萝卜丁用沸水煮熟；不粘锅加热，锅热后加入橄榄油，加入虾仁，炒至变色，加入胡萝卜丁和玉米，翻炒几下，关火，加盐调味
		玉米	50 g		
		胡萝卜	50 g		
		盐	1 g		
		橄榄油	5 mL		

（续表）

餐次	食谱	食物原料	用量（可食部）	备注	烹饪方法
	裙带菜拌黄瓜	干裙带菜	10 g		
		黄瓜	150 g		
		鲜酱油	5 mL		
		橄榄油	5 mL		
		醋	适量		
	白灼菜心	菜心	150 g		
		盐	1 g	可换成 5 mL 鲜酱油	
		橄榄油	5 mL		
加餐	水果	西梅	100 g		
	奶制品	全脂牛奶	200 g	1 杯	

第七天

餐次	食谱	食物原料	用量（可食部）	备注	烹饪方法
早餐	南瓜藜麦	南瓜	125 g		
		藜麦	50 g		
	凉拌萝卜丝	胡萝卜	200 g		
		鲜酱油	2.5 mL		
		橄榄油	2.5 mL		
		醋	适量		
	苹果	苹果	175 g	1 个	
加餐	奶制品	酸奶	100 g	1 小杯	
午餐	米饭	粳米	25 g		煮熟
	三色椒炒鸡丁杏鲍菇	红椒	50 g		
		黄椒	50 g		
		青椒	50 g		
		杏鲍菇	150 g		
		鸡胸肉	100 g		

（续表）

餐次	食谱	食物原料	用量（可食部）	备注	烹饪方法
		鲜酱油	7.5 mL		
		橄榄油	10 mL		
		黑胡椒	适量		
	花菜木耳	木耳	5 g		1. 花菜洗净后切块，木耳泡发洗净后切片； 2. 不粘锅烧热后放入 5 mL 油，放入葱花，待葱花边缘开始大量冒泡时，放入花菜和木耳，翻炒 1 分钟，加入 1 汤匙清水，盖上锅盖，焖 1 分钟； 3. 水淀粉中加入 1 g 盐（或 2 g 鸡精），淋入锅中，混合均匀即可
		花菜	150 g		
		盐	1 g		
		橄榄油	5 mL		
		葱花、水淀粉	适量		
加餐	百合银耳羹	百合	50 g		
		干银耳	10 g		
晚餐	玉米花卷	玉米粉	25 g		
		面粉	50 g		
	番茄土豆洋葱汤	番茄	150 g	1 个	
		土豆	150 g	1 个	

（续表）

餐次	食谱	食物原料	用量（可食部）	备注	烹饪方法
		洋葱	75 g	半个	
		盐	1 g		
		橄榄油	5 mL		
	红烧鳗鱼	鳗鱼	50 g	可换成其他鱼类	鳗鱼切段，竖着放入锅内，加入蒜、姜和1小碗水，适量料酒，开火烧；鳗鱼烧到7分熟后，加入生抽、老抽继续烧；烧熟后，加糖收干水分（中途可将鳗鱼翻身，便于入味）；装盘，撒上葱花
		生抽	2.5 mL		
		老抽	2.5 mL		
		糖	5 g		
		蒜	1/4 个		
		葱、姜	适量		
	橄榄油拌鸡毛菜	鸡毛菜	150 g		
		橄榄油	5 mL		
		鲜酱油	5 mL		
加餐	水果	砂糖橘	150 g	1个	
		香梨	150 g	1个	

（六）第三周食谱汇总

	周一	周二	周三	周四	周五	周六	周日
早餐	牛油果香蕉奶昔	鸡毛菜荞麦面	酸奶麦片	玉米窝窝头	自制鸡蛋三明治	蔬菜色拉	南瓜藜麦
	全麦面包	腌黄瓜片	木瓜	白煮蛋	凉拌万年青	小米蒸糕	凉拌萝卜丝
	白煮蛋			豆浆		橄榄油蒸蛋	苹果
				哈密瓜			
加餐	酸奶	全脂牛奶	苹果	红枣莲子羹	苹果、酸奶	火龙果	酸奶
中餐	糙米饭（粳米、糙米）	米饭＋蒸南瓜	米饭＋玉米	糙米饭	小米饭（粳米、小米）	米饭	米饭
	柠檬烤鸡腿	清蒸龙利鱼	盐水基围虾	清蒸鲈鱼	红枣乌鸡汤	香菇蒸银鳕鱼	三色椒炒鸡丁杏鲍菇
	炒节瓜	丝瓜木耳	白灼芥蓝	春季什锦菜	青椒土豆丝	蒜蓉四季豆	炒花菜木耳
	番茄娃娃菜	上汤菠菜	番茄蘑菇蛋汤	红烧茄子	芹菜胡萝卜	糖醋藕片	
加餐	开心果＋黄瓜	葡萄	小核桃	柚子	藜麦红薯粥	扁桃仁	百合银耳羹
晚餐	燕麦杂粮饭	小米饭（粳米、小米）	糙米饭	菜包	玉米杂粮饼	五谷饭（粳米、小米、红豆、藜麦）	玉米花卷

（续表）

	周一	周二	周三	周四	周五	周六	周日
	香煎三文鱼	洋葱排条	鸡胸肉色拉	番茄炖牛腩	盐水沼虾	清炒虾仁	番茄土豆洋葱汤
	蒜蓉生菜	凉拌莴笋胡萝卜丝	爽脆黑木耳	橄榄油芦笋	凉拌蓬蒿菜	裙带菜拌黄瓜	红烧鳗鱼
	烤口蘑	煮菜心	蒜蓉西兰花	水煮杭菜	菌菇汤	白灼菜结	橄榄油拌鸡毛菜
加餐	脐橙	核桃	低GI 饼干 + 草莓	全脂牛奶	樱桃	西梅、牛奶	砂糖橘、香梨

（七）第四周食谱

第一天

餐次	食谱	食物原料	用量（可食部）	备注	烹饪方法
早餐	杂粮粥	粳米	25 g		
		小米	25 g		
	橄榄油拌菠菜	菠菜	100 g		锅中加水煮沸后，加入橄榄油，加入菠菜，煮 1 分钟，捞出；加醋、酱油调味
		鲜酱油	2. 5 mL		
		橄榄油	2 mL		
		醋	适量		
	白煮蛋	鸡蛋	60 g		

（续表）

餐次	食谱	食物原料	用量（可食部）	备注	烹饪方法
加餐	奶制品	酸奶	100 mL		
	水果	猕猴桃	50 g	半个	
午餐	米饭	粳米	75 g		煮熟
	青椒木耳鱼片	黑鱼片	50 g		1. 鱼切片，用蛋清、胡椒粉、料酒、淀粉搅拌均匀，腌制 1 小时； 2. 不粘锅加热，锅热后，加入橄榄油，放入姜、蒜、青椒煸炒； 3. 加入木耳、鱼片滑炒； 4. 鱼片变色后，加少许水，加入盐、胡椒粉、水淀粉勾芡即可
		干木耳	1 g		
		青椒	50 g		
		盐	1 g		
		橄榄油	5 mL		
		姜、蒜、蛋清、胡椒粉、料酒、水淀粉	适量		
	芹菜香干	芹菜	150 g		方法一：芹菜和香干切长条，沸水氽熟后，再用不粘锅翻炒下，加盐调味； 方法二：芹菜和香干切丁，沸水氽熟后，加鲜酱油、橄榄油搅拌
		香干	10 g		
		盐	1 g		
		橄榄油	5 mL		

（续表）

餐次	食谱	食物原料	用量（可食部）	备注	烹饪方法
	烩小白菜	猪腿肉	25 g		1. 小白菜洗净； 2. 猪肉切片； 3. 锅中烧沸水，将小白菜下锅焯 1 分钟捞出，沥干备用； 4. 锅中加入油，烧至七成热，放入肉片，加入适量酱油煸炒至变色； 5. 加入适量清水； 6. 煮 5 分钟，放入小白菜； 7. 加入适量盐调味，肉片完全熟透出锅即成
		小白菜	150 g		
		豆腐	25 g		
		盐	1 g		
		橄榄油	5 mL		
加餐	奶制品	酸奶	100 mL		
	水果	香蕉	100 g		
晚餐	米饭	粳米	75 g		煮熟
	香菇胡萝卜丝鸡胸肉丝	鸡胸肉	75 g		1. 鸡肉切丝用料酒、淀粉腌 10 分钟，胡萝卜、香菇切丝； 2. 不粘锅加热，锅热后，加入橄榄油，放入葱、蒜炒出香味后，加入鸡丝煸炒片刻； 3. 放胡萝卜、香菇和半碗水焖煮 2 分钟； 4. 放 1 g 盐或 2 g 鸡精调味即可
		胡萝卜	10 g		
		干香菇	1 g		
		盐	1 g	1 g 盐 = 2 g 鸡精	
		橄榄油	5 mL		
		葱、蒜、料酒、淀粉	适量		

（续表）

餐次	食谱	食物原料	用量（可食部）	备注	烹饪方法
	煮毛菜	毛菜	100 g		1. 锅中加水，煮沸； 2. 加入橄榄油，加入毛菜，煮 2 分钟； 3. 捞出，沥干，加鲜酱油调味
		鲜酱油	5 mL		
		橄榄油	5 mL		
	丝瓜蛋汤	鸡蛋	10 g		
		丝瓜	50 g		
		盐	1 g		
		橄榄油	5 mL		
加餐	坚果	开心果	10 g		

第二天

餐次	食谱	食物原料	用量（可食部）	备注	烹饪方法
早餐	黄瓜拌腐竹	黄瓜	75 g		
		腐竹	25 g		
		鲜酱油	5 mL		

（续表）

餐次	食谱	食物原料	用量（可食部）	备注	烹饪方法
		橄榄油	5 mL		
		醋	适量		
	牛奶＋燕麦片	牛奶	200 mL		
		燕麦片	25 g		
加餐	水果	梨	200 g		
午餐	杂粮饭	粳米	25 g		煮熟
		小米	25 g		
		黑米	25 g		
	蒜蓉蒸虾	基围虾	75 g		1. 将基围虾边须剪去； 2. 用剪刀在虾背向尾部剪开； 3. 用牙签挑出虾线； 4. 按住虾，顺着剪开的地方平剖一刀； 5. 将虾展平； 6. 同样的方法将所有的虾处理好备用； 7. 准备干净的盘，将虾在盘中平展码好； 8. 在剁好的蒜蓉中加入 5 mL 鲜酱油和 2.5 mL 橄榄油；
		蒜	20 g		
		鲜酱油	5 mL		
		橄榄油	5 mL		

（续表）

餐次	食谱	食物原料	用量 （可食部）	备注	烹饪方法
					9. 搅拌均匀备用； 10. 将适量的蒜蓉放在虾肉上面； 11. 在锅中加入适量的水烧沸，将虾放在上面蒸六七分钟； 12. 取出后再撒上 2.5 mL 橄榄油
	蚝油双菇	草菇	50 g		1. 香菇切片，草菇对切，焯水、沥干备用； 2. 不粘锅加热，加入橄榄油，加入葱花； 3. 葱花边缘大量冒泡时，加入香菇和草菇，翻炒至变软； 4. 加入蚝油，少量清水，翻炒，焖半分钟，开盖，装盘即可
		鲜香菇	50 g		
		蚝油	10 g	相当于 1 g 盐	
		橄榄油	5 mL		
	香菇鸡毛菜汤	干香菇	1 g		
		鸡毛菜	150 g		
		盐	1 g		
		橄榄油	5 mL		
加餐	水果	橙	100 g		

（续表）

餐次	食谱	食物原料	用量（可食部）	备注	烹饪方法
晚餐	米饭	粳米	75 g		煮熟
	西汁煎鱼脯（鳕鱼）	鳕鱼	75 g	使用无盐、无糖的番茄酱	1. 将鳕鱼肉切成片，加入0.5 g盐、黑胡椒粉腌15分钟； 2. 不粘锅烧热，加入橄榄油，将鱼片煎至两面金黄色后取出，备用； 3. 利用原锅，放入蒜末，炒香后放入醋、糖、料酒、0.5 g盐，烧沸，加番茄酱调匀，用水淀粉色芡，放入鱼片，包上卤汁，装入围有香菜的盆中
		香菜	10 g		
		盐	1 g		
		橄榄油	5 mL		
		糖	10 g		
		蒜、纯番茄酱、黑胡椒粉、水淀粉、料酒	适量		
	彩椒山药	彩椒	25 g		1. 山药洗净、去皮、切斜刀片，彩椒洗净、切片； 2. 锅中放适量水烧沸，放入2.5 mL白醋，再将山药片放入锅中焯半分钟； 3. 不沾锅烧热，加入橄榄油，放入彩椒炒1分钟，放入山药片翻炒半分钟，加盐翻匀后关火
		山药	50 g		
		盐	1 g		
		橄榄油	5 mL		
		白醋	少许		

（续表）

餐次	食谱	食物原料	用量（可食部）	备注	烹饪方法
	开洋萝卜丝汤	开洋	5 g		
		萝卜	100 g		
		盐	1 g		
		橄榄油	5 mL		
加餐	坚果	大核桃	10 g		

第三天

餐次	食谱	食物原料	用量（可食部）	备注	烹饪方法
早餐	全麦吐司面包＋鹰嘴豆＋番茄片＋切片白煮蛋	吐司面包	50 g	1 片	
		鹰嘴豆	10 g		
		番茄	50 g		
		鸡蛋	60 g		
	奶制品	全脂牛奶	200 mL		

（续表）

餐次	食谱	食物原料	用量（可食部）	备注	烹饪方法
加餐	坚果	开心果	10 g		
午餐	米饭	粳米	75 g		煮熟
	白灼金针菇	金针菇	75 g		1. 金针菇切掉尾根，用手撕散。 2. 锅中倒入适量水煮沸，将金针菇倒入。大概焯1分钟左右（怕嚼不烂可以焯到喜欢的软硬度），捞出，装盘。 3. 加入鲜酱油、橄榄油拌匀。 4. 加入醋，拌匀
		鲜酱油	5 mL		
		橄榄油	5 mL		
		醋	适量		
	洋葱土豆番茄汤	洋葱	25 g		
		番茄	100 g		
		土豆	50 g		
		盐	1 g		
		橄榄油	5 mL		

（续表）

餐次	食谱	食物原料	用量（可食部）	备注	烹饪方法
	葱油鸡腿	鸡腿	50 g		1. 香葱洗净切末，姜切片，鸡腿洗净； 2. 鸡腿放入盘中，姜片和葱放在鸡腿上，加入适量料酒，腌制 10 分钟后，上锅蒸熟； 3. 鸡腿蒸熟后，拿出晾一下，切块，装盘； 4. 另取 1 碗，放入 3～4 勺之前蒸鸡腿蒸出的汤汁，加入葱末、鲜酱油、橄榄油； 5. 酱汁浇在鸡肉上食用或鸡肉蘸酱汁食用
		鲜酱油	5 mL		
		橄榄油	5 mL		
		葱、姜	适量		
加餐	水果	火龙果	100 g		
晚餐	米饭	粳米	75 g		煮熟
	蒜蓉扇贝	蒜蓉	20 g		1. 扇贝洗净，大蒜切末； 2. 加热不粘锅，加入橄榄油，放入蒜末炒香，关火，装碗； 3. 大蒜碗中放入鲜酱油，拌匀； 4. 舀 1 勺蒜末放在扇贝上； 5. 上锅武火蒸约 5 分钟
		扇贝	50 g		
		鲜酱油	5 mL		
		橄榄油	5 mL		

（续表）

餐次	食谱	食物原料	用量（可食部）	备注	烹饪方法
	花菇大烩	白萝卜	100 g		
		花菇	50 g		
		枸杞	1 g		
		盐	1 g		
		橄榄油	5 mL		
	生菜	生菜	200 g		
		蚝油	10 g		
		橄榄油	5 mL		
加餐	奶制品	酸奶	100 mL		

第四天

餐次	食谱	食物原料	用量（可食部）	备注	烹饪方法
早餐	香蕉松饼	香蕉	50 g		
		牛奶	100 mL		

（续表）

餐次	食谱	食物原料	用量（可食部）	备注	烹饪方法
		鸡蛋	60 g		
		面粉	50 g		
	红枣小米粥	红枣	15 g		
		小米	35 g		
加餐	豆浆		150 mL	市售即可	
午餐	杂粮饭	粳米	50 g		煮熟
		高粱米	25 g		
	干贝甜椒	干贝	75 g		
		青椒	35 g		
		红椒	35 g		
		盐	1 g		
		橄榄油	5 mL		
	香菇西兰花	蒜蓉	10 g		
		鲜香菇	50 g		

（续表）

餐次	食谱	食物原料	用量（可食部）	备注	烹饪方法
		西兰花	150 g		
		盐	1 g		
		橄榄油	5 mL		
	罗宋汤	牛肉	60 g		
		西红柿	50 g		
		胡萝卜	15 g		
		卷心菜	50 g		
		土豆	20 g		
		洋葱	10 g		
		西芹	10 g		
		纯番茄酱	适量	无盐、无糖番茄酱	
		盐	1 g		
		橄榄油	5 mL		
加餐	水果	草莓	100 g		

（续表）

餐次	食谱	食物原料	用量（可食部）	备注	烹饪方法
晚餐	米饭	粳米	75 g		煮熟
	春笋鸡丁	春笋	75 g		1. 春笋洗净，焯水，斜切，鸡胸肉切丁； 2. 不粘锅中加入橄榄油，加入鸡丁翻炒，再加入春笋翻炒 3～4 分钟，将其表面水分蒸干后，加入酱油调味即可
		鸡胸肉	50 g		
		酱油	5 mL		
		橄榄油	5 mL		
	青蒜腐竹	青蒜	10 g		
		腐竹	25 g		
		盐	1 g		
		橄榄油	5 mL		
	蒜泥空心菜	空心菜	150 g		
		盐	1 g		
		橄榄油	5 mL		
		蒜	10 g	2 瓣	
加餐	水果	西梅	100 g		

第五天

餐次	食谱	食物原料	用量（可食部）	备注	烹饪方法
早餐	坚果燕麦牛奶	小核桃	10 g		
		燕麦	25 g		
		牛奶	200 mL		
	黄玉米	玉米	50 g		
加餐	水果酸奶	草莓酸奶	100 mL		
午餐	杂粮饭	粳米	25 g		煮熟
		糯米	10 g		
		小米	10 g		
		大麦	10 g		
	清蒸梭子蟹	梭子蟹	75 g		
		酱油	5 mL		
		橄榄油	5 mL		
		葱姜	适量		

（续表）

餐次	食谱	食物原料	用量（可食部）	备注	烹饪方法
	白灼芥蓝	芥蓝	100 g		
		酱油	5 mL		
		橄榄油	5 mL		
	菌菇汤	蟹味菇	25 g		
		白玉菇	25 g		
		杏鲍菇	25 g		
		盐	1 g		
		橄榄油	10 mL		
加餐	水果	车厘子	100 g		
晚餐	杂蔬粒炒饭	粳米	75 g	相当于米饭 180 g	煮熟
		玉米粒	10 g		1. 三文鱼切小，彩椒、胡萝卜、洋葱切丁； 2. 玉米粒、青豆、胡萝卜丁用水焯烫； 3. 不沾锅中加入橄榄油，加入洋葱炒香； 4. 放入彩椒、三文鱼丁，炒至变色； 5. 放入玉米粒、青豆、胡萝卜，加入米饭混匀，加盐和胡椒粉再次混匀，盛出
		青豆	10 g		
		胡萝卜	10 g		
		洋葱	10 g		
		彩椒	25 g		

（续表）

餐次	食谱	食物原料	用量（可食部）	备注	烹饪方法
		三文鱼	25 g		
		盐	1 g		
		橄榄油	5 mL		
	清蒸鲈鱼	鲈鱼	50 g		
		鲜酱油	5 mL		
		葱、姜	适量		
	蒜泥娃娃菜	蒜泥	10 g		
		娃娃菜	100 g		
		盐	1 g		
		橄榄油	5 mL		
加餐	水果	梨	100 g		

第六天

餐次	食谱	食物原料	用量（可食部）	备注	烹饪方法
早餐	杂粮馒头	标准粉	25 g		
		玉米面	25 g		
	水果色拉	火龙果	20 g		
		草莓	20 g		
		苹果	20 g		
		酸奶	100 mL		
	白煮蛋	鸡蛋	50 g		
加餐	奶制品	全脂牛奶	100 mL		
午餐	米饭	粳米	75 g		煮熟
	柠汁鸭脯	鸭脯肉	50 g		1. 鸭脯肉略拍，用盐和黑胡椒腌制半小时； 2. 不粘锅加热，加入橄榄油，文火煎鸭胸脯肉，煎好后装盘； 3. 柠檬汁、白醋、糖搅匀后勾芡，制作完成后，淋在鸭胸脯上
		盐	1 g		
		橄榄油	5 mL		
		糖	10 g		
		柠檬汁、醋、黑胡椒、水淀粉	适量		

（续表）

餐次	食谱	食物原料	用量（可食部）	备注	烹饪方法
	木耳圆白菜	木耳	5 g		1. 圆白菜切小片，木耳切片，入沸水氽； 2. 不沾锅中加入橄榄油，加入蒜，炒香，加入圆白菜，翻炒均匀，加入黑木耳，翻炒； 3. 翻炒到圆白菜还有一点脆度时，关火，加入酱油，翻匀即可
		圆白菜	100 g		
		蒜	10 g		
		酱油	5 mL		
		橄榄油	5 mL		
	金枪鱼色拉	小番茄	25 g		可用苹果醋、葡萄酒醋等替代，也可用白醋
		生菜	150 g		
		紫甘蓝	25 g		
		黑加仑	25 g		
		金枪鱼	25 g		
		橄榄油	5 mL		
		黑醋	2. 5 mL		
加餐	水果	橘子	100 g		

（续表）

餐次	食谱	食物原料	用量（可食部）	备注	烹饪方法
晚餐	菜肉馄饨	青菜	100 g		
		肉糜	25 g		
		馄饨皮	50 g		
		酱油	5 mL		
		橄榄油	5 mL		
	清蒸带鱼	带鱼	50 g		
		盐	1 g		
		葱、姜	适量		
	草头	草头	150 g		
		盐	1 g		
		橄榄油	5 mL		
加餐	糙米粉+酸奶	糙米粉	10 g		
		酸奶	100 mL		

第七天

餐次	食谱	食物原料	用量（可食部）	备注	烹饪方法
早餐	凉拌莴苣丝	莴苣	100 g		
		橄榄油	10 mL		
		醋	适量		
	牛奶+蔓越莓+燕麦片	燕麦片	25 g		
		全脂牛奶	200 mL		
		蔓越莓	15 g		
加餐	水果	哈密瓜	100 g		
午餐	杂粮饭	粳米	25 g		煮熟
		小米	25 g		
		黑米	25 g		
	黑椒牛里脊	牛里脊	50 g		1. 牛里脊肉洗净，吸干表面水分，切成条状，加适量料酒，2.5 mL 酱油，淀粉拌均，表面倒入 2.5 mL 橄榄油，包上保鲜膜，放入冰箱，腌制半小时； 2. 加热不粘锅，加入 2.5 mL 橄榄油，下牛柳，炒至六七成熟，盛出； 3. 锅底留油，放入洋葱，炒出香味，再放入牛柳炒匀，加入 2.5 mL 酱油、黑胡椒炒匀，炒熟后出锅即可
		洋葱	75 g		
		黑胡椒粉	适量		
		酱油	5 mL		
		橄榄油	5 mL		
		料酒、淀粉	适量		

（续表）

餐次	食谱	食物原料	用量（可食部）	备注	烹饪方法
	蒜苔炒蚕豆	蒜苔	100 g		1. 蒜苔洗净切段，蚕豆淘洗下，两者用沸水汆下； 2. 加热不粘锅加入橄榄油，加入蒜苔，翻炒一会，加入蚕豆翻炒，加些许水，加盖，焖煮一会，待收汁，加 1 g 盐，翻匀即可
		蚕豆	50 g		
		盐	1 g		
		橄榄油	5 mL		
	三色炒百合	红椒	25 g		方法一： 1. 百合洗净拆成片，红椒切小片，西芹切小段，木耳切小片； 2. 蔬菜分别放入，加油 2.5 mL 橄榄油的沸水中焯烫半分钟捞出； 3. 加热不粘锅，倒入 2.5 mL 橄榄油，倒入蔬菜翻炒，加 1 g 盐，翻匀即可 方法二：蔬菜焯熟后，加入 5 mL 酱油、2.5 mL 橄榄油拌匀
		西芹	50 g		
		木耳	5 g		
		百合	25 g		
		盐	1 g		
		橄榄油	5 mL		
加餐	水果	葡萄	100 g		

（续表）

餐次	食谱	食物原料	用量（可食部）	备注	烹饪方法
晚餐	米饭	粳米	75 g		煮熟
	白灼斑节虾	斑节虾	75 g	可换成其他虾类	
		盐	1 g		
		橄榄油	5 mL		
	蒜泥荷兰豆	荷兰豆	100 g		荷兰豆用水氽熟后，加入蒜末、鲜酱油、橄榄油拌匀
		蒜	10 g		
		酱油	5 mL		
		橄榄油	5 mL		
	白菜粉丝汤	白菜	100 g		
		粉丝	10 g		
		盐	1 g		
		橄榄油	5 mL		
加餐	坚果	大核桃	10 g		

（八）第四周食谱汇总

	周一	周二	周三	周四	周五	周六	周日
早餐	杂粮粥（粳米、小米）	牛奶＋燕麦片	三明治(鹰嘴豆、番茄、蛋)	香蕉松饼	坚果燕麦牛奶	杂粮馒头(标准面粉、玉米面)	蔓越莓＋燕麦片＋牛奶
	橄榄油拌菠菜	黄瓜拌腐竹	全脂牛奶	红枣小米粥	黄玉米	水果色拉（火龙果、草莓、苹果、酸奶）	凉拌莴苣丝
	白煮蛋					鸡蛋	
加餐	酸奶、猕猴桃	梨	开心果	豆浆	草莓酸奶	牛奶	哈密瓜
午餐	米饭	杂粮（粳米、小米、黑米）	米饭	杂粮饭（稻米、高粱米）	杂粮饭(粳米、糯米、小米、大麦)	米饭	杂粮（粳米、小米、黑米）
	青椒木耳鱼片	蒜蓉蒸虾	白灼金针菇	干贝甜椒	清蒸梭子蟹	柠汁鸭脯	黑椒牛里脊
	芹菜香干	蚝油双菇	洋葱土豆番茄汤	香菇西兰花	白灼芥蓝	木耳圆白菜	蒜苔炒蚕豆
	烩小白菜	香菇鸡毛菜汤	葱油鸡腿	罗宋汤	菌菇汤	金枪鱼色拉	三色炒百合
加餐	酸奶、香蕉	橙	火龙果	草莓	车厘子	橘子	葡萄
晚餐	米饭	米饭	米饭	米饭	杂蔬粒炒饭（三文鱼）	菜肉馄饨	米饭
	香菇胡萝卜丝鸡胸肉丝	西汁煎鳕鱼	蒜蓉扇贝	春笋鸡丁	清蒸鲈鱼	清蒸带鱼	白灼斑节虾

（续表）

	周一	周二	周三	周四	周五	周六	周日
	煮毛菜	彩椒山药	花菇大烩	青蒜腐竹	蒜泥娃娃菜	草头	蒜泥荷兰豆
	丝瓜蛋汤	开洋萝卜丝汤	生菜	蒜泥空心菜			白菜粉丝汤
加餐	开心果	核桃	酸奶	西梅	梨	糙米粉 + 牛奶	大核桃

（九）一个人也能做地中海饮食——“懒人版”一周食谱

现在单身人士越来越多，很多人懒得做饭，经常叫外卖或者出去吃。这样不但费用高，也很难保证自身健康。所以，按照这个懒人版一周食谱就可以让你的饮食搭配更符合地中海饮食的原则，也更加健康！

第一天

	食谱	食物原料	用量（可食部）	备注	烹饪方法
早餐	水果燕麦优格	即食燕麦	60 g	可换成其他即食谷物	
		猕猴桃	100 g		
		酸奶	200 mL	又称优格	
加餐	白煮蛋	鸡蛋	60 g		

（续表）

	食谱	食物原料	用量（可食部）	备注	烹饪方法
中餐	莜面大虾	虾	75 g		
		黄瓜	100 g		
		胡萝卜	100 g		
		洋葱	50 g		
		花生仁	10 g		
		橄榄油	10 mL		
		柠檬汁	1 勺		
		盐	2 g		
		醋	5 mL		
		生抽	5 mL		
		莜面	80 g		
加餐	水果	苹果	100 g	可换其他水果	

（续表）

	食谱	食物原料	用量（可食部）	备注	烹饪方法
晚餐	香菇焖饭	糙米	60 g		1. 糙米洗好后，放入电饭煲中，冷水浸泡3小时，按1∶1.2的比例加水； 2. 香菇、青椒、红椒、鸡胸洗净切丁，葱、蒜切末，生菜去根切半； 3. 不粘锅加热，加入橄榄油，放入葱、蒜炒香，放入鸡丁、香菇丁、青椒丁、红椒丁翻炒片刻； 4. 放入生抽、盐调味； 5. 将炒好的菜倒入电饭煲中，开始煮饭； 6. 待饭好时，电饭煲中放入生菜，焖2～3分钟，将其焖熟（也可水氽生菜）
		生菜	150 g		
		鲜香菇	50 g		
		青椒	30 g		
		红椒	30 g		
		鸡胸肉	100 g		
		香葱	5 g		
		大蒜头	3 瓣		
		盐	2 g		
		生抽	5 mL		
		橄榄油	10 mL		
加餐	豆浆	大豆	10 g	可换成黑豆	大豆∶水＝1∶20 豆浆不宜太浓
		水	200 mL	市售即可	

第二天

	食谱	食物原料	用量（可食部）	备注	烹饪方法
早餐	藜麦燕麦粥	藜麦	20 g		藜麦和燕麦混合，加 500 mL 水，上锅煮，煮沸后，再煮 10 分钟
		燕麦	40 g		
	水果	火龙果	100 g		
	白煮蛋	鸡蛋	60 g		
加餐	奶制品	牛奶	200 mL		
中餐	红烧带鱼	带鱼	75 g		
		酱油	5 mL		
		橄榄油	5 mL		
	蔬菜炒饭	粳米	40 g	可用米饭 180 g	可如周一晚餐，使用电饭煲煮蔬菜饭
		糙米	40 g		
		莴笋	50 g		
		嫩莴笋叶	100 g	可换成其他深色叶菜	
		木耳	50 g		

（续表）

	食谱	食物原料	用量（可食部）	备注	烹饪方法
		洋葱	50 g		
		青椒	20 g		
		红椒	20 g		
		蚝油	10 mL	相当于1 g盐	
		生抽	5 mL	相当于1 g盐	
		橄榄油	10 mL		
加餐	水果	梨	100 g		
	奶制品	酸奶	100 mL		
晚餐	冬瓜虾米蛤蜊面	面条	40 g		1. 不粘锅加热，放入橄榄油，放入姜丝、虾米炒香； 2. 放入冬瓜、蚝油，炒至冬瓜出水，边缘呈透明状，过程中可放少许水； 3. 倒入热水后，再放入面条、香菇、蛤蜊，中火煮至面条熟，起锅前撒上葱花、盐
		冬瓜	100 g		
		海带	50 g		
		虾米	10 g		
		橄榄油	5 mL		
		干香菇	5 g		

（续表）

	食谱	食物原料	用量（可食部）	备注	烹饪方法
		蛤蜊	10 个	或牡蛎 30 g	
		姜	2～3 片	切丝	
		盐	2 g		
		素蚝油	10 mL	相当于 1 g 盐	也可用蚝油
		水	500 mL		
		葱花	适量		
	水煮青菜	青菜	100 g		水氽后放在面上
加餐	水果	葡萄	100 g		

第三天

	食谱	食物原料	用量（可食部）	备注	烹饪方法
早餐	燕麦香蕉松饼	燕麦	30 g		1. 香蕉用勺子碾碎成泥，打进鸡蛋后，再加入燕麦，搅拌均匀成面糊； 2. 平底锅烧热，加入橄榄油，改中火，加入 1 勺面糊，煎 2～3 分钟翻面，直至松饼呈焦糖色
		香蕉	100 g	1 根	
		鸡蛋	60 g	1 个	
		橄榄油	2.5 mL		

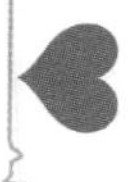

（续表）

	食谱	食物原料	用量（可食部）	备注	烹饪方法
	奶制品	牛奶	200 mL		
	水果	蓝莓	50 g		
加餐	水果	橙	100 g		
中餐	牛肉炒饭	粳米	40 g		1. 可将炒好的牛肉与蒸好的米饭拌在一起； 2. 可换成汤面或披萨的形式； 3. 可将饭换成粗粮馒头或全麦面包
		小米	40 g		
		牛肉	50 g		
		芹菜	50 g		
		胡萝卜	50 g		
		洋葱	50 g		
		孜然粉	适量		
		黑胡椒	适量		
		盐	2 g		
		橄榄油	10 mL		

（续表）

	食谱	食物原料	用量（可食部）	备注	烹饪方法
	煮苋菜	苋菜	100 g		锅中加水煮沸，加入橄榄油，加入苋菜，煮熟后捞出，加入鲜酱油拌匀
		鲜酱油	5 mL		
		橄榄油	5 mL		
加餐	奶制品	酸奶	100 mL		
	坚果	腰果	10 g		
晚餐	杂粮饭	粳米	40 g		煮熟
		黑米	40 g		
	虾仁玉子豆腐煲	虾仁	50 g		1. 虾仁化冻，加料酒、胡椒粉腌制 15 分钟； 2. 番茄切十字刀，沸水煮 2 分钟，去皮，切小块； 3. 西兰花切小朵，沸水汆，捞出备用； 4. 玉子豆腐切 1 cm 厚； 5. 不粘锅加热，加入橄榄油，放入蒜末炒香，放入虾仁炒至变色； 6. 加入番茄，炒出水，加入番茄酱，加小半碗清水，搅拌均匀； 7. 加入玉子豆腐、西兰花，翻炒均匀，加盐、胡椒粉即可
		玉子豆腐	50 g		
		番茄	150 g		
		西兰花	50 g		
		纯番茄酱	10 mL	不含糖、盐的番茄酱	
		盐	2 g		
		橄榄油	10 mL		

（续表）

	食谱	食物原料	用量（可食部）	备注	烹饪方法
		蒜	10 g	2 瓣	
		胡椒粉、料酒	适量		
	拌油麦菜	油麦菜	100 g		
		生抽	5 mL		
		橄榄油	5 mL		
加餐	水果	甜瓜	100 g		

第四天

	食谱	食物原料	用量（可食部）	备注	烹饪方法
早餐	番茄奶酪乌冬面	乌冬面	100 g	可换成莜面、荞麦面等	1. 洋葱切丁，番茄切块； 2. 不粘锅加热，加入橄榄油，放入洋葱丁炒香，加番茄块快炒，加 2 杯水煮沸； 3. 在锅中放 1 片奶酪片、番茄酱； 4. 加入乌冬面，煮 1 分钟，加盐调味即可
		洋葱	30 g		
		番茄	150 g		
		纯番茄酱	35 g		
		奶酪	20 g		

（续表）

	食谱	食物原料	用量（可食部）	备注	烹饪方法
		橄榄油	5 mL		
		盐	1 g		
		胡椒粉	适量		
加餐	酸奶	酸奶	100 g		
午餐	红豆饭	粳米	40 g		现预煮红豆，再与粳米一起煮熟
		红豆	40 g		
	五彩鱼米	龙利鱼	75 g	可换成其他刺少的鱼类	1. 鱼肉洗净切丁，加料酒、黑胡椒搅拌至发黏，腌制 15 分钟以上； 2. 紫甘蓝和彩椒切丁备用； 3. 不粘锅加热，加入橄榄油，加入姜、蒜炒香后，放入鱼炒至变色，盛出备用； 4. 倒入蔬菜丁炒至断生，加入鱼丁翻炒，加入盐、黑胡椒调味即可
		紫甘蓝	30 g	可换成喜欢的蔬菜	
		彩椒	50 g		
		蒜	10 g		
		姜	适量	切片	
		盐	2 g		
		橄榄油	10 mL		
		料酒、黑胡椒	适量		

（续表）

	食谱	食物原料	用量（可食部）	备注	烹饪方法
	上汤娃娃菜	娃娃菜	100 g		1. 娃娃菜洗净，蘑菇切厚片； 2. 锅中放 200 mL 水，煮沸后加入蘑菇，文火煮几分钟（取鲜味）； 3. 锅中放半汤匙（5 mL）油，然后转武火，煮沸后立即放入蔬菜，用筷子上下翻均，再次煮沸后，加入 1 g 盐和适量胡椒粉搅匀即可
		蘑菇	20 g		
		胡椒粉	适量		
		盐	1 g		
		橄榄油	5 mL		
加餐	牛奶	牛奶	200 mL		
晚餐	彩蔬炒饭	粳米	40 g		煮熟
		小米	40 g		
		鸡蛋	60 g		
		黄瓜	50 g		
		彩椒	40 g		
		洋葱	30 g		
		生菜	100 g		
		蘑菇	30 g		

（续表）

	食谱	食物原料	用量（可食部）	备注	烹饪方法
		橄榄油	10 mL		
		蒜头	10 g	1 瓣	
		盐	2 g		
		黑胡椒	适量		
加餐	水果	橘	100 g		

第五天

	食谱	食物原料	用量（可食部）	备注	烹饪方法
早餐	三明治	吐司切片	100 g	2 片	
		生菜	50 g	1～2 片	
		西红柿	75 g	半个	
		芝士片	20 g	1 片	
		鸡蛋	60 g	1 个	
	奶制品	牛奶	200 mL		

（续表）

	食谱	食物原料	用量（可食部）	备注	烹饪方法
加餐	坚果	扁桃仁	15 g		
午餐	八爪鱼炒饭	粳米	40 g		
		糙米	40 g		
		八爪鱼	50 g		
		樱桃番茄	100 g		
		香菇	30 g		
		冬笋	50 g		
		蒜末	10 g		
		香葱	适量		
		柠檬汁	适量		
		纯番茄酱	15 mL	根据喜好添加	
加餐	水果	猕猴桃	100 g	1个	
	奶制品	酸奶	100 mL	1小杯	

（续表）

	食谱	食物原料	用量（可食部）	备注	烹饪方法
晚餐	杂粮饭	粳米	40 g		浸泡 4 小时以上，或预煮，然后再与粳米一起煮熟
		薏仁	40 g		
	红烧鳊鱼	鳊鱼	50 g		
		酱油	5 mL		
		橄榄油	5 mL		
	煮杂菜	大白菜	100 g		
		小白菜	100 g		
		鲜香菇	30 g		
		木耳	50 g		
		花椒、茴香、姜片	适量		
		盐	2 g		
		橄榄油	10 mL		
加餐	水果	草莓	100 g		

第六天

	食谱	食物原料	用量（可食部）	备注	烹饪方法
早餐	荞麦煨面	荞麦面	60 g		1. 黑木耳热水泡发，西芹去除粗纤维后斜切，豆芽洗净； 2. 不粘锅加热，加入橄榄油，放入蒜末炒香，放入黑木耳、西芹拌炒； 3. 锅中加水及酱油、胡椒粉，转武火烧沸，放入荞麦面一起煨煮，待面条九成熟，加入豆芽、葱花即可
		西芹	40 g		
		黑木耳	40 g		
		豆芽	50 g		
		白煮蛋	60 g		
		酱油	5 mL		
		橄榄油	5 mL		
		葱、蒜、胡椒粉	适量		
加餐	奶制品	酸奶	100 g		
	水果	火龙果	100 g		
午餐	花椰菜番茄炒饭	花椰菜	125 g		1. 干锅放入虾仁，煎至两面金黄； 2. 花椰菜洗净后切成小末备用； 3. 不粘锅加热后，加入橄榄油，放入蒜末炒香后，放入花椰菜末、黑胡椒、盐； 4. 将甜椒丁、西兰花放入锅中炒匀，加入小番茄丁及番茄酱拌匀； 5. 起锅前撒上葱花
		虾仁	50 g		
		西兰花	60 g	可换成喜好的蔬菜	
		甜椒	40 g	切丁	
		小番茄	50 g	切丁	

（续表）

	食谱	食物原料	用量（可食部）	备注	烹饪方法
		蒜	10 g	蒜切末	
		葱、黑胡椒	适量		
		纯番茄酱	15 mL		
		盐	2 g		
		橄榄油	10 mL		
	拌菠菜	菠菜	100 g		
		鲜酱油	5 mL		
		橄榄油	5 mL		
		醋	适量		
加餐	水果	芒果	100 g		
	坚果	核桃	15 g		
晚餐	白菜炒饭	粳米	40 g		煮熟
		鸡胸肉	50 g		

（续表）

	食谱	食物原料	用量（可食部）	备注	烹饪方法
		小白菜	100 g		
		紫甘蓝	50 g		
		胡萝卜	40 g		
		香菇	30 g		
		洋葱	50 g		
		黑胡椒	适量		
		盐	2 g		
		橄榄油	10 mL		
加餐	奶制品	牛奶	200 mL		
	水果	菠萝	100 g		

第七天

	食谱	食物原料	用量（可食部）	备注	烹饪方法
早餐	菠菜蘑菇烘蛋	洋葱	70 g		1. 不粘锅加热，加入橄榄油，放入洋葱末炒香，待洋葱透明加入蘑菇切片炒香； 2. 放入菠菜叶稍微拌炒； 3. 加入打散的鸡蛋液、盐、胡椒粉，直至蛋液凝固
		蘑菇	30 g		
		菠菜叶	50 g		
		鸡蛋	60 g		
		橄榄油	5 mL		
		盐	1 g		
		胡椒	适量		
	奶制品	酸奶	100 mL		
加餐	水果	香蕉	100 g		
午餐	二米饭	粳米	40 g		煮熟
		藜麦	40 g	可换成其他全谷类	
	砂锅白菜茼蒿豆腐火锅	豆浆	250 g	若不喜，可只用清水	锅中放水煮沸，放入食材，在食材将熟之前，加入豆浆，再次煮开后即可
		水	350 mL		
		嫩豆腐	175 g	1/2 盒	

（续表）

	食谱	食物原料	用量（可食部）	备注	烹饪方法
		卷心菜	100 g		
		茼蒿	100 g		
		金针菇	80 g		
		蘑菇	50 g		
		盐	3 g		
加餐	水果	苹果			
	坚果	花生仁	15 g	20 粒	
晚餐	二米饭	粳米	40 g		煮熟
		燕麦米	40 g		
	番茄鱼片	黑鱼	50 g		1. 鱼肉洗净沥干切片，加料酒、黑胡椒粉抓至发黏，腌制 15 分钟； 2. 不粘锅加热，加入橄榄油，放入蒜、姜炒香，放入番茄丁炒成糊； 3. 加水煮开，加入莴笋煮至软烂，最后加入金针菇、莴笋叶煮 2 分钟左右； 4. 煮好的蔬菜捞出装碗，留在锅内的汤重新煮开，倒入鱼片，迅速划散； 5. 鱼片完全变色后马上出锅，加盐，装入之前装蔬菜的碗中
		番茄	150 g		
		金针菇	20 g		
		莴笋	30 g		
		莴笋叶	100 g	可换成其他叶菜	
		豆芽	30 g		
		蒜	10 g		

（续表）

	食谱	食物原料	用量（可食部）	备注	烹饪方法
		葱、姜、料酒、黑胡椒	适量		
		盐	3 g		
		橄榄油	10 mL		
加餐	奶制品	牛奶	200 mL		

（十）“懒人版”一周食谱汇总

	周一	周二	周三	周四	周五	周六	周日
早餐	水果燕麦优格	藜麦燕麦粥	燕麦香蕉松饼	番茄酱奶酪汤煮乌冬面	三明治（鸡蛋、奶酪）	荞麦煨面（鸡蛋）	菠菜蘑菇烘蛋
		火龙果	牛奶		牛奶		酸奶
		白煮蛋	蓝莓				
加餐	白煮蛋	牛奶	橙	酸奶	扁桃仁	火龙果	香蕉
						酸奶	

（续表）

	周一	周二	周三	周四	周五	周六	周日
午餐	莜面大虾	红烧带鱼	牛肉炒饭	红豆饭（粳米、红豆）	八爪鱼炒饭	番茄花椰菜炒饭	二米饭（粳米、藜麦）
		蔬菜炒饭	煮苋菜	五彩鱼米		拌菠菜	砂锅白菜茼蒿豆腐火锅
				上汤娃娃菜			
加餐	苹果	梨	腰果	牛奶	猕猴桃	芒果	花生仁
		酸奶	酸奶		酸奶	核桃	苹果
晚餐	香菇焖饭	冬瓜虾米蛤蜊面	杂粮（粳米、黑米）	彩蔬炒饭	杂粮饭（粳米、薏仁）	白菜炒饭	二米饭（粳米燕麦）
		水煮青菜	虾仁玉子豆腐煲		红烧鳊鱼		番茄鱼片
			拌油麦菜		煮杂菜		
加餐	豆浆	葡萄	甜瓜	橘	草莓	牛奶、菠萝	牛奶

三、本土化食谱与地中海饮食的比较

本土化食谱制定完成后，与原先的地中海食谱进行比较后发现，该食谱总能量的制定标准为 1 800 kcal，高于地中海饮食的 1 500 kcal，所以动物性食物的摄入量及食用次数略高于地中海饮食食谱，仍属于合理范围(图 4－2)。

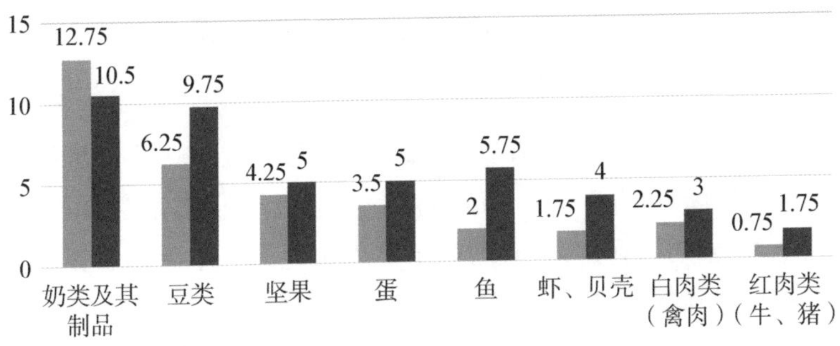

图 4－2　每周选择各种富含蛋白质食物的次数对比(次/周)

可见除了奶类及其奶制品食用次数不及地中海饮食外，其他地中海特征性食物的选择次数均高于地中海饮食。

本土化食谱中每天蔬菜有 8.5 种，重量约 500 g；每月鱼类选择为 13 种(不包括虾贝等水产类)，其中海鱼 9 种、淡水鱼 4 种。每周食用海鱼的次数也与地中海饮食相当(图 4－3)。

有人担心食用这么多水产类会不会存在汞或其他重金属超标的问题。根据以往的研究发现，不同水体中鱼的汞浓度顺序为海鱼＞湖鱼＞河鱼，且食肉鱼＞食草鱼。本土化食谱中选择的国外海鱼种类被美国食品药品监督管理局列为鱼类中的最佳选择并推荐给备孕、怀孕人群。根据《中国居民膳食指南(2016 版)》推荐每周水产类食物的食用上限是 525 g，而本土化食谱中水产类食物平

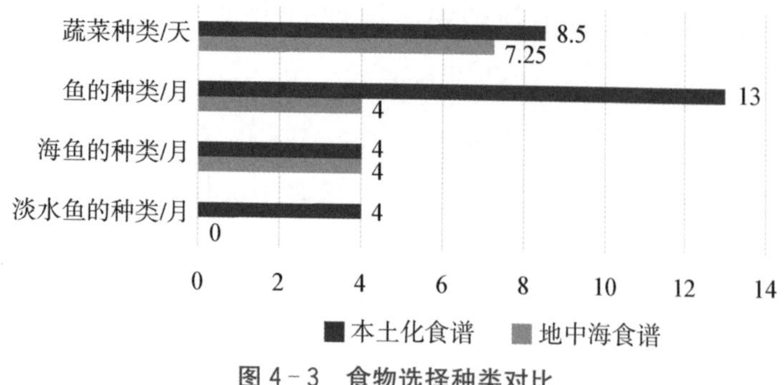

图 4－3　食物选择种类对比

均每次 50 g，即使每周 9.75 次，每周食用量也就 490 g，仍然符合《中国居民膳食指南(2016 版)》的推荐。本土化食谱富含蔬菜、水果、全谷类、奶类等食物，有助排出体内重金属。选择低汞含量的鱼，并且做到食用的鱼的种类多样化，也是降低汞摄入的好方法。

对食品进行营养评估后，本土化食谱每天将提供 1 800 kcal 左右的能量，其中蛋白质约占总能量的 20%，脂肪约占总能量的 30%，糖类(碳水化合物)约占总能量的 50%，符合三大产能营养素合理搭配的要求。

总之，根据地中海饮食原则和特点制订的《复旦大学附属中山医院 28 天心血管健康食谱》，是将地中海食谱本土化改造，对健康人和心血管疾病患者均适用。

第五章 如何健康饮食

膳食营养是影响心血管疾病的主要因素之一。现有的循证医学证据显示，科学合理的膳食不但可以预防心血管疾病，对于患病人群也可以降低心血管疾病并发症风险。心血管疾病患者应该从每一天、每一餐中践行健康饮食的理念，延缓疾病发展，促进康复。

一、如何健康吃早餐

俗话说："一日之计在于晨"。每天的健康也是从早餐开始的，最好做到每一天吃健康的早餐，再忙也不要忽略早餐。

吃好早餐有助于预防心血管疾病，如果早上既不进食，又不补充水分，会使血黏度升高，血流缓慢，尤其是患有动脉粥样硬化疾病者，容易形成血栓，阻塞冠状动脉，引发心绞痛。若阻塞脑血管，则可发生缺血性脑卒中。每天坚持吃早餐者与偶尔吃早餐或根本不吃早餐者相比，患肥胖症和糖尿病的概率降低30%～50%。研究发现，每天坚持吃早餐，有助于控制饮食，避免在其余时间因吃得过多而变得肥胖，从而有效预防肥胖和糖尿病。如果为了减肥而不吃早餐，到中午容易产生饥饿感，反而摄入过多食物，会造成肥胖、糖尿病和心血管疾病。不健康的早餐习惯也会升高患心血管疾病的风险，早餐油脂、钠盐过多，除了造成肥胖外，还会引发糖尿病、高脂血症、高血压等疾病。所以，预防慢性病应从早餐开始。

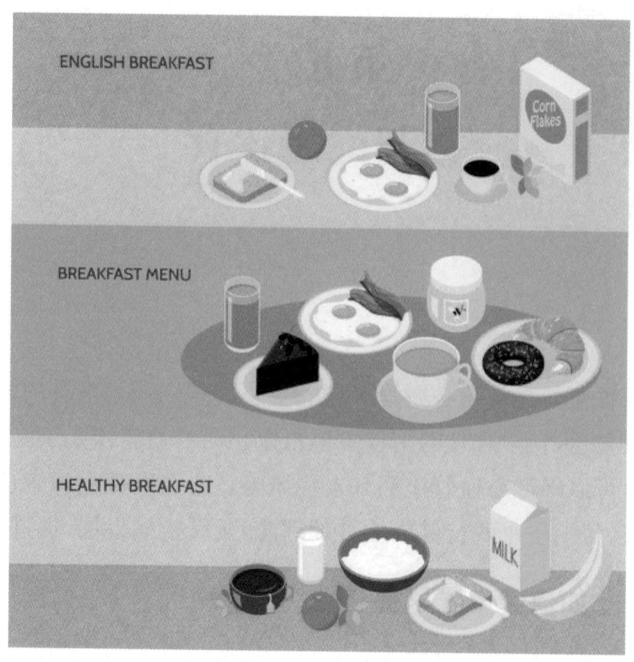

（一）营养早餐的两大标准

营养早餐的要求是全面、平衡和适度。符合以下两个标准的早餐才能称为营养早餐。

1. 标准一　健康早餐应该有4类食物

每顿早餐都应该包括以下4类食物：谷类、肉类（肉、鱼、蛋）、奶类（或豆类）、蔬果类（蔬菜和水果）。如果包含4类食物算是营养均衡的早餐，有3类可以算是合格。如果只有2类或是更少，长此以往就会产生营养不良和营养素缺乏的问题。牛奶、鸡蛋也好，主食也好，每种食物都有一定的营养价值，只有合理搭配，才能被人体最大限度地吸收和利用。国人的早餐普遍缺乏蔬菜和水果。其实利用一点时间，全家人分食1～2个水果应该不是件很困难的事。如果早上实在来不及，也可以把水果放到上午九十点钟吃。

“早餐吃好，午餐吃饱，晚餐吃少”，这句话说的“早餐吃好”，意思就是指早餐质量要高，而质量高体现在食物营养均衡上、体现在食物种类多样性上。

2. 标准二　每天午餐前是否饥饿

应以没有明显饥饿为宜。如果感觉很饿，那就是早餐营养不够全面或者数量不够。当然，如果还觉得饱着的话，这样的早餐也有问题——太过丰盛或是油脂超标。过量的早餐只会加重消化系统的负担，而且更容易使人昏昏欲睡。一般来说，早餐所提供的能量及营养素达到每天需要量的25%～30%才比较合适。

（二）早餐选择更健康的食物

如果达到以上2个标准，还可以在食物选择上更健康一些。健康早餐要尽量提供丰富的营养，食物多样化，要有足量的优质蛋白质和膳食纤维，这样有助于延长饱腹感，到午餐的时候也不会感到特别饥饿。

主食只吃粳米或白面既单调又缺乏营养，不如换一些粗粮，如杂粮粥、杂豆粥、小米粥、燕麦片、豆包、全麦馒头、全麦面包、红薯、鲜玉米等。很多人早餐喜欢吃油炸的主食，比如炸油条、油饼、汉堡等食物，脂肪含量太高，经常食用不利于健康，宜少吃。减少油条、油饼、蛋黄派、饼干、方便面、起酥面包、点心等添加很多油脂的精制谷物。它们营养价值低，脂肪含量高，虽然方便、味道好，但无益于营养均衡和身体健康，故宜少吃或不吃。

动物性食物优先选择高蛋白、低脂肪的食物，如水煮蛋、茶叶蛋、牛奶、酸奶、豆浆、豆腐、牛肉、鸡胸肉、瘦猪肉等。它们既含有优质蛋白，又能增加饱腹感。

早餐上的蔬菜最好用炒、生拌或蒸等低油脂的烹调方法。如果没有蔬菜，就要搭配一些水果。

要少吃腌制蔬菜、咸菜、榨菜、酱菜等高盐食物。这些食物营养价值很低，仅能起到刺激味蕾的作用，无益于营养均衡，且大量的钠，不利于控制血压。钠盐摄入过多也是高血压的重要风险因素之一。降低盐的摄入有助于降低血压和患心血管疾病、脑卒中和冠心病的风险。

果蔬饮料、牛奶饮料、酸奶饮料中真正蔬菜、水果和牛奶的成分很少，多是由糖、香精和其他食品添加剂调制出来、模拟出口味罢了，所以尽量不选择作为早餐。

如果特别想吃豆浆、油条，那就每周最多吃 1 次，再搭配 1 个香蕉或苹果。如果每天煮白粥吃肉包子，不妨加点蔬菜，简单的焯水凉拌就行。如果只有主食和酱菜，那就加一个鸡蛋和牛奶。总之，不论以前的早餐是怎样的，其实都可以想办法改善。这些方法虽然听上去繁琐，但做起来并没有那么复杂。事先做一些准备，其实也花不了多少时间。只要您意识到早餐的重要性，按照前面的食谱就可以订制一份 28 天不重样的健康早餐食谱。

二、如何健康吃午餐

在各种营养建议中，一般对早餐和晚餐讲得比较多，而午餐的营养平衡经常被忽视。无论是上班族，还是退休在家的老年人，很多人的午餐都在随便应付，有时甚至早餐、午餐一起吃，其实三餐中的午餐也是非常重要的，不能敷衍了事。

中午 12 点是身体能量需求最大的时候，经过一上午紧张的工作，下午还要应对相当多的工作，这时应该摄入适量的糖类、蛋白质和少量的脂肪以保证下午的工作和活动。正常情况下，午餐应该比早餐和晚餐提供更多的能量，午餐一般占每天能量摄入的 40%，而早餐和晚餐各占 30%为宜。我们应该吃 75 g 左右的米做的米饭(包括全谷物和杂豆类)，这样可以保证得到基本的能量。吃 50 g 左右的荤菜类(深海鱼类、鱼、鸡蛋、鸡鸭肉等)来摄入优质

蛋白质。摄入一定的蛋白质，比等量的糖类和脂肪维持饱腹感的时间更长，再吃 200 g 左右的蔬菜、100 g 左右的水果，保证富含维生素和矿物质。有条件的话，还可以为自己准备一碗蔬菜汤。“早餐吃好，午餐吃饱，晚餐吃少”这句话中说的“午餐吃饱”，就是说午餐食物数量要充足，主食和菜肴都要吃够，食材品种尽可能多一点。如果在家自己做午餐，还是要尽可能丰富一些，达到这些营养需求。

如果是上班族，一般午餐比较多的选择在外就餐，最常见的情况有 3 种：食堂份饭、自助餐和外卖盒饭。

1. 食堂份饭　一般可选择的食物不多。如果有选择，就尽量选择蔬菜多一些的、有绿叶蔬菜的、少油烹调方式的，少选油炸食物。如果食堂的菜又油又咸，没有绿叶菜，也没有杂粮、薯类的话，最好的方式是几个人合作，出去餐馆点菜，把营养健康和食物选择权把握在自己手上。

2. 自助午餐　吃自助餐顺序最好如下：冷盘→蔬菜→汤→肉类海鲜→饭面。既然午餐能选择自助餐，那就更要做到食物多样化，不要只选蛋白质含量高的动物性食物。还应注意食物的烹调方式，选择清汤、清蒸、凉拌的食物。蔬菜要选绿叶蔬菜，而且尽量量多一些。肉类鱼虾选择少油烹调的。主食少选白米、白面，最好搭配一些蒸山药、蒸红薯、蒸土豆等，如果有杂粮粥，也可以来一小碗，比如紫米粥或红豆粥。酥烧饼、油条、印度飞饼、榴莲酥、麻团之类加油又加糖的主食最好不选。当然，吃自助餐一定要把握好度，避免暴饮暴食。

3. 外卖盒饭　随着外卖越来越方便，很多人都在中午点外卖吃。外卖盒饭的优点是省事快捷，价格相对便宜；缺点是菜肴多油腻，搭配不合理。主食一般只有大米饭一种，食物品种单调，荤素失调，膳食纤维严重不足，口味多比较重，食材质量难以控制。建议在选择外卖时，不要贪便宜，发现食材不新鲜、太油腻或太咸就应该换一家。为了补充蔬果摄入不足的问题，可以自带一个水果饭后吃。女性如果食量小，可以选择与别人拼一套质量好价格略高的盒饭，只吃其中一半米饭、一半菜、一半鱼肉，这样既不过量，又经济实惠。

总之，选择午餐需要注意的有2点：①饮食以清淡为主，不要追求重油重辣重盐的口味。②保证午餐的时间。很多上班族午餐时间比较短，但仍要细嚼慢咽，再忙也需要挤出20～30分钟的吃饭时间，切忌边工作边吃饭。因为工作时大脑需要大量血液供应，

确保能量充足，偏偏吃饭时胃也在争抢有限的血液，不但使大脑供血不足，连胃的消化功能也会削弱。

三、如何健康吃晚餐

随着人们生活节奏的加快，很多人早餐是匆匆忙忙吃，午餐是凑合着吃。到了晚上，好不容易有了一些悠闲的时光，就会选择吃一顿丰盛的大餐。当然，晚餐选择不进食，也不宜提倡。晚餐吃得过饱、过晚、过油腻，都是诱发心血管疾病的风险因素。健康吃晚餐，要注意以下几点。

1. 晚餐不过饱　多数家庭的晚餐比较丰盛，也容易吃得多，导致过饱。晚餐过饱有三大危害：引发肥胖、诱发失眠多梦、诱发大肠癌。晚餐过饱，餐后又不运动是引起肥胖的最主要原因。胃、肠、肝、胆、胰等器官在饱餐后的紧张工作信息会不断传送给大脑，

使人失眠、多梦和神经衰弱。长期失眠、多梦的患者，不妨在晚餐上找找原因。少而精的晚餐，或许可以解除失眠、多梦的痛苦。晚餐过饱，必然有部分食物中的蛋白质不能充分消化吸收，在肠道细菌的作用下，会产生有害物质，加之睡眠时肠壁蠕动减慢，相对延长了有害物质在肠道的停留时间，有可能促进大肠癌的发生。晚餐还是以七八分饱最好！就是当您离开餐桌的时候还想吃，还有食欲，这就是七八分饱。

2. 晚餐不过晚　心血管疾病患者在夜晚比在白天更容易发生意外。因此，建议心血管疾病患者或者高危人群晚餐时间比正常人提早一些，晚餐时间建议不超过7点半，睡觉不超过11点，睡前3小时不要吃东西。此外，晚餐吃得太晚还容易患尿道结石。人体排尿高峰一般在饭后4～5小时，如果晚上八九点钟才吃晚餐，晚餐后产生的尿液就会全部潴留在尿路中，当其浓度较高时，在正常体温下可析出结晶并沉淀、积聚，久而久之就会形成尿路结石。因此，除多饮水外，应尽早晚餐，使进食后的排尿高峰提前，而且排一次尿后再睡觉最好。

3. 晚餐不过荤　医学研究发现，晚餐经常吃荤食的人比经常吃素食的人，血脂含量高3～4倍。伴有高血脂、高血压的心血管疾病患者，如果晚餐经常吃大荤，等于火上浇油。心血管疾病患者晚餐应该以吃素为主，晚餐吃蔬菜的量要比吃肉、鱼的量多很多才对，所谓“一荤配三蔬”。

4. 晚餐不过甜　晚餐和晚餐后都不宜过多吃甜食，这里所说的甜食既包括各种甜点心、甜饮料，也包括过甜的水果。长期在晚餐或晚餐后吃过多的甜食，会刺激胰岛素大量分泌，造成胰岛细胞负担加重，诱发糖尿病。

5. 晚餐不过饮　晚餐饮酒过多，易诱发急性胰腺炎。特别是胆道壶腹部原有结石嵌顿、蛔虫梗塞以及慢性胆道感染，更容易因

诱发急性胰腺炎而猝死。

四、怎样做，晚餐才能吃得少

大家都知道"早餐吃好，午餐吃饱，晚餐吃少"这句老话，但是对很多人来说，这里难度最大的恐怕是最后一句。面对丰盛晚餐的诱惑，到底该如何做到"晚餐吃少"呢？首先要明确一点，这句话中说的"晚餐吃少"，并不意味着让自己饿着，而是能量低一点、油少点，尽量弥补早上和中午没有吃到或没有吃够的食物。比如，蔬菜、杂粮、豆类和薯类。晚餐少吃并不是指食物种类少或摄入量少，而是少在摄入的能量上，也就是合理控制脂肪和糖类摄入的同时，又保证摄入足量的蛋白质、维生素和矿物质等营养素。做到以下几点，"晚餐吃少"并不难。

1. 餐前吃水果　晚餐前吃水果可以减少约 1/3 的食欲。一根香蕉或者半个苹果比较合适，但不要榨成果汁，因为整块吃才会比较有饱腹感。这么做的前提是您能耐受，如果胃口不好、消化功能差，餐前吃水果可能刺激胃肠，出现反胃、腹痛等情况。如果出现这种情况餐前就不宜吃水果了。

2. 主食简单　晚餐不能不吃主食，但主食作为能量大户，要尽量简单一些，最好以粗杂粮或全麦为主，不要选油脂多的，如葱油饼、芝麻饼、面包等。白米饭、白馒头由于口感好，容易吃多；而全谷物或粗杂粮富含膳食纤维，能增加胃肠动力，有助消化，其饱腹感也较强，容易让人产生"已经饱了"的信号，有利于控制主食摄入量。晚餐可以用蒸山药、蒸红薯替代白米饭、白馒头，也可以用杂粮粥替代米饭。

3. 以粥代饭　粥中水分多，比吃同量的一碗饭，摄入的能量要少，饱腹感却高。另外，粥里加点山药、莲子、南瓜等容易消化的食材也不错。需要提醒的是，粥类消化吸收快，所以升糖也快，尤其是白米粥，血糖较高的人要注意控制摄入量。

4. *拌个凉菜* 晚餐要有意识地多吃蔬菜，既减少能量，又保证营养。但煎炸烹炒的菜，油都少不了，因此凉拌、蘸酱是比较推荐的蔬菜做法。多选深绿色蔬菜，如菠菜、小白菜、芥蓝等，它们富含维生素K、维生素C和叶绿素，可以焯水后凉拌。也可选一些适合生吃的蔬菜，如小番茄、黄瓜、生菜等。

5. *餐后勿食* 对于心血管疾病患者来说，晚餐后至入睡前，不要再吃含能量较高的食物，以免影响肠胃消化、干扰睡眠，特别是甜饮料、坚果、饼干、薯片等，更要拒绝。如果非要加餐，只能吃少量的水果。可以选择水果，如香蕉、苹果、桃子和梨。心血管疾病患者不建议吃夜宵。

五、如何健康吃主食

中国人的主食主要是指米面类的食物，又称谷类食物或粮食。由中国营养学会编著的《中国居民膳食指南(2016版)》推荐的第一条就是“食物多样，谷类为主”，说明了谷类食物应该是食物的主要组成部分。但现在的趋势是很多人主食吃得越来越少，甚至发展到吃肉、吃菜，不吃粮食的极端地步。对于心血管疾病患者来说，吃好主食，也是平衡营养的重要一部分。

主食类食物的主要成分是淀粉，经过消化被分解成糖类(碳水化合物)。糖类是人体必需的营养素之一，主要是供给热能，是人体能量的主要来源，在人体生命活动中有着不可替代的重要生理功能。人体生命活动中所需的能量，大部分由糖类提供。糖类对人体来说是一种清洁能源，它代谢之后的最终产物是二氧化碳和水。而蛋白质和脂肪虽然也可以产生能量，但会产生很多代谢废物，加重肝脏和肾脏的负担。

根据中国营养学会的建议，膳食中糖类提供的能量应占总能

量的50%以上，要达到这个要求，每天应摄入谷类食物250～400 g（半斤到八两）。心血管疾病患者可以少吃一些，老年人也可以少吃一些，但至少要保证每天150 g（3两）粮食，这里指的是烹调前的干重，而不是米饭或馒头的量。50 g（1两）粮食做成米饭大约相当于半碗米饭的量。如果每天少于150 g，就不能满足人体对糖类的基本需要，会带来很多健康问题。一方面，一些特殊的细胞如脑细胞、神经细胞和红细胞只能靠葡萄糖供能，如果主食不足必然会影响这些细胞的功能，出现头晕、冷汗、乏力等症状。另一方面，若不吃主食或进食过少，葡萄糖来源缺乏，身体就要用脂肪和蛋白质来提供能量。脂肪过多分解会产生酮体，易导致酮症酸中毒。而蛋白质分解不但浪费了食物中宝贵的蛋白质，还会产生很多代谢废物。

谷类的摄入要吃够量，而且也应该多样化，不能只吃精制粳米和精制面粉，还需增加其他谷类，尤其是全谷类、薯类和杂豆类的摄入。《中国居民膳食指南（2016版）》推荐每人每天摄入的主食

中，全谷物和杂豆类50～150 g(相当于一天谷物的1/4～1/3)、薯类50～100 g，基本上就是全谷物、杂豆、薯类合起来占一半，精制米面占一半。研究表明，和精细谷类相比，全谷物和杂豆类可提供更多的膳食纤维、维生素、矿物质、多酚及其他植物化学物等营养成分，对降低2型糖尿病、心血管疾病、肥胖、肿瘤等慢性疾病的发病风险具有重要作用。而薯类也含有丰富的淀粉、膳食纤维及多种维生素和矿物质。

那什么是全谷物？全谷物是指未经精细加工或虽经研磨、粉碎、压片等处理仍保留了完整谷粒所具备的谷胚、胚乳、谷皮组成及天然营养成分的谷物。

大部分粗粮都属于全谷物，如黄米、小米、荞麦、燕麦、玉米、糙

米、黑米、高粱、薏米、莲子等；杂豆指除大豆（如黄大豆、青大豆、黑大豆）外的红豆、绿豆、芸豆、豌豆、蚕豆等；薯类包括马铃薯、红薯、山药、芋类等。

我们可以根据自己的喜好在日常饮食中加些全谷类、杂粮和薯类：将白米粥换成杂粮粥，如不加糖的八宝粥、小米山药红枣粥等；白米饭做成杂粮饭，如粳米中加些糙米、红豆、小米、薏米、黑米等，或将红薯、土豆、芋头等代替部分米饭来吃。若不适应全谷杂粮粗糙的口感，可以将它们泡软，用豆浆机做成米糊，或使用高压锅做杂粮粥、杂粮饭。从少量开始，循序渐进，逐渐适应。但是，对于胃酸少、胃动力差、易腹泻的人，不要过于强调全谷杂粮薯类的摄入，一切以身体的感受舒服为准则，若感到胃不适就不要再吃或者减少全谷物的量；可以精白米面为主，从小米、大黄米、糙米、紫糯米、山药开始少量慢慢加入，而且要烹调得法，使它们质地不要太硬。

需要注意的是，主食不宜加过多的盐和油。对于心血管疾病患者，本身盐和油摄入都有限量：盐每天＜5 g，烹调油每天＜25 g。但是很遗憾，目前市场上，不加油盐的烧饼、大饼、馒头、白面条等已经不多了，葱油饼、馅饼、小笼包、锅贴、叉烧包、飞饼、肉丝面、炒饭等盐油超标的主食很常见。这些花样翻新的主食有一个共同特点，就是加入了盐和大量的油脂。包子和馅饼当中含有肉馅，而肉馅的脂肪含量都在30％以上；炒饭的每个饭粒上都沾了一层油，其中还有炒鸡蛋、火腿丁等高脂肪配料；面条用肉汤制作，加了肉、卤汁等配料；“飞饼”含油脂更是高达30％以上。这些过多的脂肪，对于心血管的健康非常不利。这些加料的主食都是盐和油的大户。如果一餐当中吃100 g咸味主食，就相当于摄入食盐2 g左右。如果主食当中含脂肪15％，那么吃100 g主食就在无形当中摄入脂肪15 g。很多心血管疾病患者已经从过油过咸

的菜肴中摄入太多的脂肪和盐，主食再摄入一部分脂肪和盐，必然会为身体带来极大负担，其危害不可小觑。这类的主食一定要少吃。

六、不吃主食减肥靠谱吗

医生会要求一些肥胖的心血管疾病患者减肥。减肥就是要少吃多动，那少吃什么呢？患者往往认为主食中的糖类是肥胖的元凶。因此，采用不吃主食的减肥法很普遍。主食真是肥胖的元凶吗？不吃主食减肥能成功吗？

不吃主食能不能减肥，答案要到主食之外的食物中找。一般来说，主食是人体能量摄入的最大来源，我们每天摄入总能量的一半或更多是由主食提供的，少吃主食甚至不吃主食，通常可以减少

能量的摄入，如果其他食物不增加的话，确实有助于减肥。如果在减少主食的同时，其他食物（如肉类、奶类、水果、饮料等）摄入增加，使总能量摄入并没有因不吃主食而减少，那就无助于减肥。能不能减肥，取决于总能量摄入是否少于能量的消耗，而总能量摄入不但包括主食（米、面、饼干、面包、快餐面、面条都算在内），也包括肉类、蛋、奶、豆制品等。所以仅仅靠不吃或少吃主食不一定能减肥。例如，有的人不吃主食，但摄入大量水果，虽然水果中能量相对较少，可吃的量太大，如有人减肥期间一天吃 15 个苹果，也有人一天吃 2 个大西瓜，这样会使能量摄入的绝对值增加，无益于减肥。不吃主食能减肥的前提是其他食物也少吃或控制，如果其他食物不加以控制，仅仅靠不吃主食是不能减肥的。减肥的要点是减少总能量的摄入，能量的来源有主食、肉蛋奶、豆类、油脂、甜食、零食以及蔬菜和水果。所以，吃主食和发胖之间，没有什么必然联系。

其实，不吃主食减肥法有很悠久的历史了。在 20 世纪 50～60 年代，出现了几种宣扬低糖类饮食的流行减肥膳食，其中最有名的就是阿特金斯减肥法和哥本哈根饮食法，区域减肥法、迈阿密饮食法等也是类似的方法。这些减肥方法一般都要求严格限制糖类食物，而可以自由摄取富含蛋白质和脂肪的食物。希望减肥的人常常会听到劝告：少吃糖类，只要不吃饭，不吃甜食，随便吃蔬菜和肉类，就能够减肥。它们的理论基础是：吃高蛋白、高脂肪的食物，人们比较容易满足，进食量会有所下降。很多人因此真的体验到短期的“成功”，体重在 3 个月中持续下降，称体重的时候心里非常开心。然而不幸的是，他们的快乐没有持续多久，因为只要重新开始吃主食，体重就会一路反弹、回到从前。相关的研究证明，所谓的更多体重下降，不过是体内水分平衡失调的结果，减的脂肪量很少，而体内的肌肉和水分丢失很多。尽管体重下降很快，但是人体却同时面临蛋白质分解、慢性疾病风险上升和骨质疏松的风险，肝脏和肾脏也承受着沉重负担。同时，这种膳食不能维持很久，因为不吃一点淀粉食物的生活令人实在难以忍受。2005年4月，美国相关临床营养专家、医学家、食品学家和法规管理专家专门召开大会，讨论与低糖类减肥法有关的科学问题。实验证据表明，低糖类饮食能在短期内导致快速的体重下降，下降速度要比同样能量的低脂肪高糖类食谱快一些。然而，这种优势只能在短时间内表现。从一年时间来看，它没有任何优势。也就是说，它只能让人们一时“开心”，却不是让人们长期保持苗条的理想方法。低糖类减肥法一旦停止，就会迅速反弹，而且往往变得比减肥前更胖。所以，低糖类减肥法几乎不能让人得到最终的减肥成功。

那干脆永远不吃主食了行不行呢？长期不吃主食会对身体有什么影响呢？不吃主食的生活，从生活质量来说是很低的。一句话：不快乐。国外研究发现，让人们少油、少盐饮食，大部分人能够坚持；如果完全不吃含淀粉的主食和含糖的水果，人们觉得难以长期坚持。从营养角度来说，这种饮食模式营养是不平衡的，如果长期持续，可能带来多方面的伤害。如果用高蛋白、高脂肪的食物代替主食充饥，容易引发电解质紊乱、疲乏、心律失常、痛风、骨质疏松、肾功能紊乱等问题。如果不吃主食，也不怎么吃肉，仅仅吃些蔬菜，势必会导致蛋白质、维生素和矿物质的缺乏。其他可能的影响包括皮肤变得粗糙、松弛而黯淡；头发干枯或油腻，脱落越来越多；记忆力下降、失眠、脾气古怪、情绪暴躁；因为糖类摄入过低而发生“酮症”，呼气都有股烂苹果味。各种证据表明，过低的糖类饮食能在短期内导致体重快速下降，下降速度要比同样能量的低脂肪高糖类饮食快一些。然而，这种优势只能在短时间内表现。从一年时间来看，它没有任何优势。也就是说，它只能让人们一时“开心”，却不是长期保持苗条的理想方法。除非您下定决心一辈

子过“这种生活”，否则不要反复折腾自己。科学家们早就警告，体重上上下下地反复，会促进衰老，损害健康，甚至比一直胖着还要糟糕。

减肥需要找到一套适合自己的健康饮食方法，并且可以长期一直这么吃下去。有一种减肥方法，如完全不吃糖类或者不吃肉；又如只允许吃单子上列的那几种食品，设想一下，您可以一辈子不吃糖类或者只吃那几种食品吗？不能的话，那么这种减肥方法一定只是短期的，不可能长久，而一旦您开始吃回自己原来的正常饮食，体重多半会反弹。所以，找到一种可以长期坚持的、营养平衡的饮食方法，才是真正减肥的方法。“最好的减肥食谱，就是您能够坚持的食谱。”地中海食谱可以说就是这样一个能帮助减肥，而又比较健康的减肥食谱。很多研究也表明，坚持地中海饮食，就算不挨饿也可以减肥。

控制饮食也好，运动也好，如果不能坚持，就没有意义。想要通过地中海饮食减肥，也需要长期坚持，不是吃一两次或一两周就能立竿见影的。

七、如何健康吃肉

很多心血管疾病患者，一说到吃肉就摇头，觉得自己得了冠心病或高血压等心血管方面的疾病就不能吃肉了。还有一些患者，诊断冠心病或高脂血症等疾病后干脆就完全素食，一点肉都不吃了。在此，首先要纠正这个极端的观点，心血管疾病患者确实应该控制饮食，但少吃的应该是油脂，而不是完全不吃肉。

（一）为什么要吃肉

无论是植物性食物还是动物性食物都是人体必需的。动物性食物含有很多健康所必需的营养素，如优质蛋白质、脂溶性维生素（维生素 A、维生素 D、维生素 E、维生素 K），还有维生素 B_{12}，这种

维生素只存在于动物性食物中。虽然现在提倡多吃蔬菜、水果，但并不能错误地认为完全不吃肉类食物才是健康的。吃素固然有很多好处，但如果安排不当，很容易营养不良。素食者特别是绝对素食者的饮食中容易缺乏蛋白质、B 族维生素、铁、锌、钙和维生素 D。不合适素食的成年人发生缺铁性贫血和巨幼红细胞贫血的危险加大。

（二）吃多少肉合适

《中国居民膳食指南(2016 版)》建议每周吃鱼 280～525 g，畜禽肉 280～525 g，蛋类 280～350 g，平均每天摄入总量 120～200 g。对于心血管疾病患者来说，落实到每一天可以这样掌握：每天三餐一共可以吃 3 份动物性食物。这里的一份是指：1 个鸡蛋，或 50 g(一两)瘦肉，或 100 g(二两)鱼虾，或 100 g(二两)鸡和鸭。每天 3 份肉类食物就可以为人体提供 40～60 g 优质蛋白质，对大部分人都足够了。

（三）吃什么肉更健康

关于吃肉，中国一直有这样一种说法“四条腿的不如两条腿的，两条腿的不如没有腿的”。四条腿的是指猪、牛、羊等畜肉，两条腿的是指鸡、鸭、鹅等禽类，没有腿的是指鱼类和虾类。国外的营养学家也建议人们应该以白肉（鱼肉、鸡肉、鸭肉）代替红肉（牛肉、猪肉、羊肉等）。这两种说法基本一致，也基本正确。国人目前的饮食确实是应该减少猪、牛、羊肉，而适当增加鱼虾类。红肉的肌肉纤维粗硬、脂肪含量较高，而白肉的肌肉纤维较细，脂肪含量相对较低。对于心血管疾病患者来说，食物脂肪的含量是需要特别关注的。如果要吃肉，尽量选择瘦肉，少吃肥肉、动物内脏、油炸肉类、烟熏和腌制肉制品。

（四）如何吃肉更健康

建议心血管疾病患者选择清淡、低油脂饮食，肉类的烹调应以少油的方式为主，多用蒸、炖，少用油炸煎炒和明火烧烤。烹调时应尽量选择植物油，肉类可以去皮，因为动物皮含有较高的饱和脂肪。

肉类在一日餐次中的安排举例：

早餐：牛奶 1 杯 200 mL，鸡蛋 1 只（60 g）；

午餐：凉拌鸡胸肉、鸭脯肉、鸽子肉等（去皮 50 g）；

晚餐：清蒸带鱼、青鱼、鲈鱼等（75 g）。

上面的食谱，早餐有牛奶和鸡蛋可以提供足量的蛋白质；午餐可以选用畜禽肉类 50 g（去皮）左右，尽量选择白肉，如果想吃猪肉等红肉最好去掉肥肉部分。根据地中海饮食的建议，吃红肉每周最好少于 3 次。晚餐可以选择鱼虾类，因为晚饭之后，基本不会再做什么剧烈的运动，消耗较少，吃鱼虾类既可以提供优质蛋白质，脂肪量又相对较少，所以晚餐吃鱼虾类比较合适。

总之，心血管疾病患者可以吃肉，但是要遵循上述原则。只有

吃得合理，才能吃得健康。

八、如何健康吃鱼

鱼类食物富含动物蛋白质，脂肪含量相对较低，营养丰富，滋味鲜美。鱼肉的肌纤维比较短，蛋白质组织结构松散，水分含量比较多，易被人体消化吸收。鱼肉的蛋白质属于优质蛋白，而且比禽畜肉更易消化，有87%～98%都会被人体吸收。鱼肉的脂肪比禽畜肉低很多，大多数只有1%～4%，如黄鱼含0.8%、带鱼含3.8%、鲐鱼含4%、鲢鱼含4.3%、鲤鱼含5%、鲫鱼含1.1%、鳙鱼(胖头鱼)含0.9%、墨斗鱼含0.7%。鱼虾还含有较多的不饱和脂肪酸，有些鱼类富含二十碳五烯酸(EPA)和二十二碳六烯酸(DHA)，对预防血脂异常和心血管疾病等有一定作用。鱼肉中的

维生素 D、钙、磷等能有效预防骨质疏松症。此外，鱼油还含有丰富的维生素 A、维生素 D，特别在鱼的肝脏中含量最高。鱼类也含有水溶性的维生素 B_6、维生素 B_{12}、烟酸及生物素。鱼类还含有矿物质，一些小鱼、小虾，如带骨一起吃，也是很好的钙质来源。海水鱼含有丰富的碘，其他如磷、铜、镁、钾、铁等，也都可以在吃鱼时摄入。

现代研究发现，经常吃鱼，每周至少 2 次，每次 40～75 g，对维护心血管健康很有益。有条件的话可以多选择深海鱼，如三文鱼、金枪鱼等。哈佛大学公共卫生学院研究发现，每周通过吃一两次鱼摄取 2 g 左右的 ω－3 脂肪酸，能使心源性猝死的风险降低 36%，并减少 17%的死亡可能。2018 年 7 月，在《内科学杂志》（*Journal of Internal Medicine*）上发表的一项涉及 42 万余例受试者、随访 16 年的前瞻性分析证实，多吃鱼尤其是富含长链 ω－3 脂肪酸的鱼有助于降低死亡风险。而同年 5 月美国心脏协会（AHA）发表声明，建议每周进食 1～2 次富含长链 ω－3 脂肪酸的海产品（主要是指油性鱼类），有助于降低心力衰竭、冠心病、猝死和缺血性脑卒中等疾病的发生风险。

鱼的种类那么多，那究竟吃什么鱼好呢？从食物多样化的角度来说，吃鱼种类也应该尽量多些。鳗鱼、秋刀鱼等脂肪较多的鱼适合烤着吃，吃时可在鱼身上挤点柠檬汁；鲤鱼、白鲢、花鲢、草鱼、带鱼红烧后风味更好；黄鳝、黑鱼、鲫鱼、鳕鱼等本身味道鲜美，适合炖着吃；鳜鱼、鲥鱼、鲈鱼等高端鱼肉质细嫩，适合清蒸，保持原汁原味；金枪鱼、真鲷、三文鱼等海水鱼可以生吃，但要确保新鲜、安全。有人担心吃鱼的安全性问题，美国食品药品监督管理局（FDA）和环境保护署（EPA）在 2017 年共同发布了《鱼类消费建议》，建议每周食用 2～3 份低汞鱼，即 227～340 g（8～12 盎司，烹饪前的生重，可食部重量）。该建议量与之前建议的每周 340 g 水平一致，也符合《美国人膳食指南(2015—2020)》建议。该建议将美国人常吃的62种鱼划分为3类：最佳的选择(每周吃2～3份)、不错的选择(每周吃1份)、避免食用。一些最常吃的低汞鱼包括：虾、鳕鱼、鲑鱼、罐头金枪鱼、罗非鱼和鲶鱼等。避免食用具有较高汞含量的7种鱼包括：墨西哥湾的方头鱼、鲨鱼、旗鱼、橙鲷鱼、大眼金枪鱼、马林鱼和大鲭鱼。

当然食物选择对了，合理的烹饪方式也是十分重要的，腌制、油炸等高盐、高脂肪的方式是不可取的。鱼虾的烹饪建议多采用煮、蒸、炒、熘的方式。最佳烹调方式一定是蒸，以尽量减少营养素的损失。

用简单的方式也可以做出美味的佳肴。例如，清蒸鱼，是选用各类鱼制作的一道家常菜，主要原材料有鱼、生姜、香蒜等，口味鲜美，鱼肉软嫩，汤清味醇，绝对是舌尖上的美食。

【材料】鱼、生姜、香葱、料酒、酱油少许。

【做法】

(1) 将鱼洗净并处理好内脏，从脊椎处切断至腹部(保留一部分不切断)，用葱、姜、料酒腌渍10分钟。

(2) 香葱切段、生姜切片。盘中摆上一层生姜片，香葱段塞入鱼身开口处，将鱼放在生姜片上。

(3) 摆好盘的鱼上锅武火沸水蒸10分钟左右，起锅后浇上少许酱油即可。

九、如何吃鸡蛋

很多心血管疾病患者都知道要控制脂肪类食物摄入，减少摄入胆固醇。而鸡蛋属于高胆固醇食物，那么心血管疾病患者能不能吃鸡蛋？每天吃1个鸡蛋，到底好不好？

鸡蛋是最接近完美的食物，是“生命的种子”。鸡蛋的营养非

常丰富，一个鸡蛋重约 60 g，含蛋白质 7 g、脂肪 6 g、钙 30 mg、铁 1.5 mg，维生素 A720 国际单位，还有卵黄素和卵磷脂。一个鸡蛋所含的维生素 B_{12} 几乎可满足人体每日所需。鸡蛋中含有人体需要的所有必需氨基酸。这些必需氨基酸的比例与人体需要量模式最接近，最适合人体利用，利用率高达 98%以上，是最好的优质蛋白质来源。因此，鸡蛋蛋白质被作为评价其他食物蛋白质质量优劣的参考标准。鸡蛋不足之处是几乎不含维生素 C，而且铁的吸收率比较低。鸡蛋还是一种性价比高的食物，一个鸡蛋只需要几毛钱，但是它的营养价值却很高。

鸡蛋黄中胆固醇含量确实比较高，每个鸡蛋黄含 200～250 mg 胆固醇。但是，鸡蛋还含有具有降低血胆固醇作用的卵磷脂和胆碱，而卵磷脂就可以降胆固醇，软化血管。很多研究都证实，血液中胆固醇升高是心脑血管疾病的致病因素之一。但是血液中的胆固醇有 80%是人体自身合成的，只有 20%来自食物胆固

醇。虽然鸡蛋黄中的胆固醇含量比较高，但研究表明每天吃1～2个鸡蛋并不会明显影响血胆固醇水平。最近几年，关于吃鸡蛋是否会加重心血管疾病做了很多研究。有足够的科学研究证据证明，一般人群每天吃1个鸡蛋不会导致患心血管疾病或糖尿病风险增加。血脂正常的健康人，每天可以吃1～2个鸡蛋。如果已经患有糖尿病、冠心病、脑卒中或已经检查出动脉粥样硬化的患者，1周食用3个鸡蛋（含蛋黄）比较合适，相当于每天吃半个蛋黄。有人害怕蛋黄中的胆固醇，一个鸡蛋都不敢碰，这也是错误的。老年人体内如果血清胆固醇太低，会造成免疫力低下，血管的强度也会受到影响，不利于心脑血管健康。因此，健康人每天吃一个完整的鸡蛋是值得推荐的健康饮食习惯。

每天一个鸡蛋应该怎么吃呢？常见家庭烹调方法有这么几种：白煮蛋、茶叶蛋、水潽蛋、油煎荷包蛋、炒蛋、蒸蛋羹。此外，还有不同的做法，比如蛋黄焗南瓜、煎蛋饺，以及蛋皮裹的各种菜肴。比较健康的吃法推荐白煮蛋、茶叶蛋、水潽蛋、蒸蛋羹和蛋花汤。这些烹饪方法温度不高，鸡蛋的营养能最大限度的保留。蛋黄中的胆固醇也未接触氧气，未被氧化，是对心脏最有益的吃法。不佳的烹调方法包括煎荷包蛋、炒鸡蛋，最差的是煎蛋饺、煮蛋皮、焗蛋黄及各种表面裹蛋液的煎炸食品。这些高温的烹饪方法，鸡蛋中的胆固醇在高温下接触氧气会转化为氧化胆固醇。研究发现，胆固醇氧化产物会造成人体血管内皮的损伤，诱发动脉粥样硬化。

做好鸡蛋也有技巧，煮鸡蛋应该冷水下锅，文火升温，沸腾后文火煮3分钟，停火后再浸泡5分钟。这样煮出来的鸡蛋蛋清嫩，蛋黄凝固又不老，蛋白变性程度最佳，也最容易消化。而煮沸时间超过10分钟的鸡蛋，不但口感变老，维生素损失大，蛋白质也会变得难消化。蒸鸡蛋羹时不要在搅拌鸡蛋的时候放入油或盐，这样易使胶质受到破坏，蒸出来的蛋羹又粗又硬；也不要用力搅拌，略

搅几下，保证搅均匀就上锅蒸。另外，蒸蛋羹时加入少许牛奶，能让其口感更滑嫩，营养价值也更高。

十、如何吃素食

门诊经常会碰到血脂异常的心血管疾病患者谈“脂”色变。认为肉是脂肪的主要来源，把餐桌上的菜换成清一色的素食，彻底与荤食绝缘。心血管疾病患者，特别是伴有血脂异常的患者是不是要吃素呢？

血脂异常，特别是三酰甘油（甘油三酯）、总胆固醇和低密度脂蛋白胆固醇升高的原因有很多，具体如下。

1. 身体自身合成增加　无论是胆固醇还是三酰甘油，除了可以从外界摄取外，身体自身也在不断地进行着转化与合成。血液

中胆固醇的来源，20％由食物生成，80％由体内自身合成。由于影响血脂合成和代谢的因素相当复杂，尤其是当机体已经出现糖类、脂肪代谢紊乱时，仅仅控制肉类和胆固醇的摄入，血脂异常的情况未必能得到改善，即使完全素食，血脂也可能异常。

2. 主食过多、过于精细　众所周知吃肉很“耐饿”，一旦戒肉，很多人就会多吃米、面等主食来增加饱腹感。现代主食主要是精白米面，是由水稻和小麦经过精细加工而得。加工过程中，损失了70％～90％的维生素和矿物质，以及90％的膳食纤维。精白米面做成的食物进入肠胃，因为没有膳食纤维的参与，这些食物很快就会从胃部推送到肠道，又快速被消化成葡萄糖，吸收进入血液，成为血糖。此时，血糖水平急速上升。随之而来的是，胰岛β细胞分泌大量胰岛素进入血液。胰岛素的作用就是降低血糖。降低的方法有多种：①让血糖变为能量，被人体组织细胞利用、消耗；②让血糖变成肝糖原、肌糖原；③让血糖转变成脂肪。如果吃了很多主食而又没有足够的运动，肌糖原和肝糖原没有得到大量消耗，两者也不会无限量储存，血糖更多地向着脂肪的方向转变，而过多的脂肪一方面升高了血脂，另一方面也会积蓄下来导致肥胖。

3. 选择不当　很多不吃荤菜的患者，觉得菜肴不好吃，就使用大量油脂和调味料烹调食品，或食用油炸的素食加工品，如素肉、素排、炸豆皮等，不知不觉摄入过多的油脂。有些戒肉降脂者三餐不吃肉，却甜品、糕点、坚果不离口，无形中增加了脂肪和添加糖的摄入，殊不知，这些饮食习惯也易导致血脂异常。

4. 总量超标　如果体内的“馋虫”总是蠢蠢欲动，一会儿吃一小口，即使完全素食，一天累积下来，摄入的总能量也可能超标，不利于体重的控制。长期素食可能造成营养缺乏或失衡，那么出现糖类、脂代谢紊乱也就不足为奇了。

综上所述，完全依靠纯素食降脂并不靠谱。饮食的均衡、多样

和适量是关键，要学会科学地吃，聪明地吃，特别是要学会选对肉类食物，再加上适当的运动才靠谱。

此外，长期素食者还可能带来其他的健康问题。一些心血管疾病患者信奉“饮食清淡”的原则，不但所有动物性食物根本不碰，连鸡蛋和牛奶也不吃了。长期完全素食使这些患者头发变白、牙齿脱落，并出现骨质疏松，看起来比同龄人要老很多。还有些患者经常出现疲倦、头晕、出虚汗等症状。到医院一查，原来已经患上轻度贫血。吃纯素食的人容易缺乏铁、维生素 B_{12} 和蛋白质。这 3 种物质正是机体制造血红蛋白的主要原料。

素食虽然含铁量不少，但是绝大部分都属于难以被人体吸收的“非血红素铁”。为防止体内缺铁，素食者应经常食用含铁丰富的食品，如菠菜、黑木耳等。经常吃些富含维生素 C 的水果和蔬菜，例如猕猴桃、橙、青椒等，可帮助铁的吸收。维生素 B_{12} 多存在于动物性食品、菌菇类和发酵性食品中，一般素食并不含这种维生素。因此，素食者宜多吃香菇、蘑菇、木耳等菌菇类，以及豆酱、豆豉、酱豆腐等发酵性食品。不吃鱼、肉的素食者，最好能从其他途径摄取蛋白质。每天应该吃豆类或豆制品，豆类蛋白质含量也很高，但质量比不上鱼、肉、蛋中的蛋白质，却比粮食和蔬菜、水果的蛋白质质量要好很多。

心血管疾病患者确实需要“饮食清淡”，但清淡不等于吃素，更不是吃纯素食。长期吃素者为了保证基本的营养需要，即使不吃其他动物性食物，至少也应该吃鸡蛋和牛奶。鸡蛋是“生命的种子”，营养成分非常全面，是最接近人体需要的食物之一，而每天喝一杯牛奶就可以提供 300 mg 左右的钙和大量的维生素 B_2 和维生素 B_{12}。即使吃素，也不应该拒绝这 2 种食物。营养学家一直建议心血管疾病患者“清淡饮食”，但是完全的素食，甚至连鸡蛋、牛奶也不吃，就走向另一个极端了，对健康非常不利。

十一、如何吃蔬菜

蔬菜是人类平衡膳食的重要组成部分，是维生素、矿物质、膳食纤维和植物化学物质的重要来源，水分多、能量低。多吃蔬菜对保持身体健康，保持肠道正常功能，提高免疫力，降低肥胖、糖尿病、高血压等慢性疾病风险具有重要作用。近年来，各国膳食指南都强调增加蔬菜的摄入种类和数量。大量研究表明，蔬菜的摄入可降低血压及患心血管疾病的风险。来自哈佛大学的一项前瞻性队列研究表明，每增加一份绿叶蔬菜或十字花科蔬菜的摄入，可使女性冠心病发病风险分别降低 30%和 24%。中国营养学会《中国居民膳食指南（2016 版）》推荐我国成年人每天吃蔬菜 300～500 g。一般轻症患者每天应保证进食蔬菜 300 g 以上，重症患者如患有心力衰竭，应遵循医嘱进食。

蔬菜的品种很多，不同蔬菜的营养价值相差很大，只有选择不同品种的蔬菜并合理搭配才有利于健康。根据颜色深浅可分为深色蔬菜和浅色蔬菜。深色蔬菜的营养价值一般优于浅色蔬菜。深色蔬菜指深绿色、红色、橘红色、紫红色蔬菜，富含胡萝卜素尤其是β-胡萝卜素，是中国居民维生素A的主要来源。此外，深色蔬菜还含有其他多种色素物质如叶绿素、叶黄素、番茄红素、花青素和芳香物质等。它们赋予蔬菜特殊的丰富的色彩、风味和香气，有促进食欲的作用，并呈现一些特殊的生理活性。常见的深绿色蔬菜包括菠菜、油菜、冬寒菜、芹菜叶、蕹菜(空心菜)、莴笋叶、芥菜、西兰花、西洋菜、茼蒿、韭菜、萝卜缨等。常见的红色、橘红色蔬菜包括西红柿、胡萝卜、南瓜、红辣椒等。常见的紫红色蔬菜包括红苋菜、紫甘蓝、蕺菜等。鉴于深色蔬菜的营养优势，应特别注意摄入，使其占到蔬菜总摄入量的一半。

人体血液中的同型半胱氨酸是引起动脉粥样硬化的元凶之一，蔬菜中的B族维生素(如维生素B_6、维生素B_{12}和叶酸)可有效降低这一物质，延缓冠心病、动脉粥样硬化的进展。存在于蔬菜中的黄酮类化合物具有降低血管的脆性、稳定血压、降低血脂的作用，能降低心脑血管疾病的风险。在蔬菜中含黄酮类物质最高的是红洋葱，其次为甜椒、芹菜和胡萝卜。心血管疾病患者摄取高钾的蔬菜能起到降血压、防止动脉胆固醇沉积、延缓冠心病和血管硬化发展的作用。蔬菜中含钾比较高的包括菠菜、山药、毛豆、苋菜和大葱等。

合理烹调蔬菜也很重要。蔬菜的营养价值除了受品种、部位、产地、季节等因素的影响外，还受烹调加工方法的影响。加热烹调可降低蔬菜的营养价值，西红柿、黄瓜、生菜等可生吃的蔬菜应在洗净后食用，烹调蔬菜的正确方法如下。

1. *先洗后切* 正确的方法是流水冲洗、先洗后切，不要将蔬菜在水中浸泡时间过久，以免使蔬菜中的水溶性维生素和无机盐流失过多。

2. *急火快炒* 胡萝卜素含量较高的绿叶蔬菜用油急火快炒，不仅可以减少维生素的损失，还可促进胡萝卜素的吸收。

3. *开汤下菜* 维生素C含量高、适合生吃蔬菜应尽可能凉拌生吃，或在沸水中焯1～2分钟后再拌，也可用带油的热汤烫菜。用沸水煮根类蔬菜，可以软化膳食纤维，改善蔬菜的口感。

4. *炒好即食* 已经烹调好的蔬菜应尽快食用，连汤带菜吃；现做现吃，避免反复加热，这不仅是因为营养素会随储存时间延长而丢失，还可能因细菌的硝酸盐还原作用增加亚硝酸盐含量。

有些心血管疾病患者怕胖，常常不敢过多地吃鱼、肉，而对吃蔬菜没有顾忌。为了味美，变着花样烹制蔬菜，或煎或炒或炸，这种做法是不对的。蔬菜本身含脂肪和热量相当低，经过煎炒炸后，吸入的油脂远远高于本身已有较多脂肪的食品，如鲜蘑菇吸脂量较马铃薯多6倍；而茄子的吸脂量则比马铃薯高8倍。如果把蔬菜和肉类在相同烹制方法下做比较，则前者比后者的吸脂量多得多。另外，无论是炒菜、烧菜，还是炖菜、焖菜，都会损害蔬菜中的酶、维生素、微量元素及各种生理活性物质。

1周只买一次菜，存在冰箱里慢慢吃，这样做也是不对的。蔬菜最好是现买现吃。蔬菜越新鲜，营养越丰富，放的时间长了，蔬菜中的维生素C就会被破坏，如青椒存放3天后，维生素就损失一半了。

另外，对于心血管疾病患者来说，腌菜和酱菜含盐较多，维生素损失较大，应少吃。摄入马铃薯、芋头、莲藕、山药等含淀粉较多的蔬菜时，要适当减少主食，以避免能量摄入过多。

十二、如何吃水果

多数新鲜水果含水分85%～90%，是膳食中维生素（维生素

C、胡萝卜素以及B族维生素)、矿物质(钾、镁、钙)和膳食纤维(纤维素、半纤维素和果胶)的重要来源。红色和黄色水果(如芒果、柑橘、木瓜、山楂)中胡萝卜素含量较高;枣类(鲜枣、酸枣)、柑橘类(橘、柑、橙、柚)和浆果类(猕猴桃、沙棘、黑加仑)中维生素C含量较高;香蕉、黑加仑、枣、红果、龙眼等的钾含量较高。胡萝卜素、维生素C和钾都是心血管疾病患者应该多摄入的,具有扩张血管、降低血压、降低胆固醇的作用。

水果中含糖类较蔬菜多,主要以双糖或单糖形式存在,如苹果和梨以果糖为主,葡萄、草莓以葡萄糖和果糖为主。水果中的有机酸如果酸、柠檬酸、苹果酸、酒石酸等含量比蔬菜丰富,能刺激人体消化腺分泌,增进食欲,有利于食物的消化,同时有机酸对维生素C的稳定性有保护作用。水果含有丰富的膳食纤维,这种膳食纤维能促进肠道蠕动,尤其是水果含较多的果胶,这种可溶性膳食纤维有降低胆固醇的作用,有利于预防动脉粥样硬化,还能与肠道中

的有害物质如铅结合，促使其排出体外。此外，水果中还含有黄酮类、芳香类及香豆素等植物化学物质，它们具有特殊生物活性，有益于机体健康。

心血管疾病患者每天的水果可分配在早餐时，午饭、晚饭后休息的这几段时间食用。除了新鲜水果外，无额外添加糖和其余添加剂的红枣干、蓝莓干和葡萄干可以每天带上一小袋当零食。工作生活节奏紧张的话，在家中现做现饮一杯鲜榨果汁（苹果汁、橙汁）能节约不少时间和精力。另外，可以将几种水果切块拌成适量的水果沙拉在一天内吃完。但是，这些水果的替代品也有缺点，果汁是由水果经压榨去掉残渣而制成的，加工过程会使水果中的营养成分如维生素 C、膳食纤维等发生一定量的损失。干果是将新鲜水果脱水而成，维生素损失较多。果脯是将新鲜的水果糖渍而成，维生素损失较多，含糖量较高。因此，水果制品不能替代新鲜水果，应尽量选择新鲜水果，仅在携带、摄入不方便的情况下，或水果摄入不足时，才用水果制品进行补充。

如果蔬菜吃得不够，能不能用水果代替呢？尽管蔬菜和水果在营养成分和健康效应方面有很多相似之处，但它们毕竟是两类不同的食物，其营养价值各有特点。一般来说，蔬菜品种远远多于水果，而且多数蔬菜（特别是深色蔬菜）的维生素、矿物质、膳食纤维和植物化学物质的含量高于水果，故水果不能代替蔬菜。在膳食中，水果可补充蔬菜摄入的不足。水果中的糖类、有机酸和芳香物质比新鲜蔬菜多，且水果食用前不用加热，其营养成分不受烹调因素的影响，故蔬菜也不能代替水果。推荐餐餐有蔬菜，天天吃水果。

十三、如何吃豆制品

豆制品通常分为非发酵豆制品和发酵豆制品两类：非发酵豆

制品有豆浆、豆腐、豆腐干、腐竹等；发酵豆制品有豆豉、豆瓣酱、腐乳、臭豆腐、豆汁、纳豆等。豆制品主要原料就是大豆，包括黄豆、黑豆和青豆。大豆本身是一种比较难以消化的食物，很容易胀气，一旦做成豆腐之类的豆制品，那些不利的因素去除了，营养成分得到大幅度提升。

心血管疾病患者每天吃豆制品有什么好处呢？豆制品含有较多优质蛋白、钙、B族维生素、胡萝卜素和丰富的维生素E，而脂肪较少且以不饱和脂肪酸为主，不含胆固醇。豆制品还含有膳食纤维、大豆皂苷、大豆异黄酮、大豆低聚糖、植物固醇、卵磷脂等有益于健康的成分，对防治高脂血症、高血压、动脉粥样硬化等疾病都有益，因而受到世界范围内的广泛推荐。

《中国居民膳食指南(2016版)》建议每人每天摄入20～25 g大豆或相当量的豆制品。大豆和各种豆制品的换算比例如下：50 g大豆＝145 g北豆腐＝280 g南豆腐＝105 g素鸡＝110 g豆干＝80 g豆腐丝＝730 g豆浆。各种各样的豆制品都可以换着花样吃。如果心血管疾病患者用一部分豆制品代替肉类，可以防止过多消费肉类带来的不利影响。如果在晚餐时用豆制品代替肉类，可以降低晚餐脂肪和能量的摄入，更适合心血管疾病患者。

一些合并高尿酸血症或者痛风的心血管疾病患者能不能吃豆制品呢？干黄豆确实属于高嘌呤食物，但制成豆腐之后，经过浸泡和磨浆，嘌呤含量被极大程度稀释。制成豆腐过程中又要挤去一部分浆水，嘌呤含量随水流失会进一步降低，因此豆腐就成了中低嘌呤食物。高尿酸血症和痛风患者可以适量吃豆腐、豆干等豆制品。

选豆腐，是老豆腐好还是嫩豆腐好呢？豆腐制作过程中要用到凝固剂，南方的老豆腐用石膏（硫酸钙），北方的老豆腐用卤水（氯化钙、氯化镁、硫酸镁的混合物）。“卤水点豆腐”这道工序，就是设法让豆浆中的蛋白质凝固而与水分离。它的水溶液可以使大豆蛋白分子凝聚起来，形成豆腐。这种卤水豆腐，豆香味浓，口感好，但颜色较深、质地粗老，切面有很多小蜂窝眼。石膏豆腐较嫩，质地、口感都很细腻，只是豆香味不足。嫩豆腐也叫“内酯豆腐”“日本豆腐”，是日本人发明的，用葡萄糖酸内酯作为凝固剂，几乎不含钙，口感是好了，但营养价值差很多，还是应该多吃老豆腐。内酯豆腐因为水分含量特别高，所以要放在塑料盒里卖的，而南豆腐和北豆腐都是可以散装零卖的。

心血管疾病患者选择豆制品，还要注意少选经油炸处理的豆制品，如油豆腐、素鸭。烹调豆制品时也不要用油炸的方法，很多人吃素鸡、豆干等，喜欢先油炸再烹调，这样会增加脂肪的摄入。而油面筋和烤麸虽然经常和豆制品放在一起卖，其实不属于豆制品。

自制豆浆也是不错的方法，需注意的是豆浆不宜太浓，建议50 g大豆加1 000 mL水，全家人一起分享比较合适，不要一人一日全部喝完。制作豆浆最好选用豆浆机，既方便，豆浆的口感也不错。

十四、如何吃乳制品

首先要说明的是，乳制品和奶制品其实是一回事，只是称呼不同罢了。乳制品是比较科学的叫法，一般在专业书中和食品外包装的配料表上都写牛乳、鲜牛乳、乳酪、酸牛乳等。而奶制品是大众的称呼，如牛奶、酸奶、奶酪等。

人类食用的奶类本是牛、羊等哺乳动物喂养幼崽的食物，对人类来说同样是一种营养成分齐全、组成比例适宜、易消化吸收、营养价值高的天然食品，可以为人类提供人体必需的营养素——特别是钙、优质蛋白质、维生素 D、维生素 A、维生素 B_2 等。这些营养素也是日常食物中比较容易缺乏的营养素。国内多次大规

模调查显示，如果不摄入奶制品，国人钙的摄入量明显偏低，每天400 mg左右，只有推荐摄入量每天800 mg的一半。中国营养学会《中国居民膳食指南(2016版)》推荐每人每天饮奶300 g或相当量的奶制品。若以最常见的液态奶计算，300 g大致等于300 mL，而市场上最常见的液态奶包装是每袋250 g，意味着每人每天在保证喝一袋牛奶的基础上，再选用其他一些奶制品，如酸奶、乳酪、果味奶等，以使奶制品多样化。减肥期间其他食物都可以减，但奶制品不能减。因为减肥中的节食会加重钙缺乏，运动也会消耗更多的钙，缺钙会导致人体的产热下降，能量消耗减少，让减肥难以坚持，所以减肥期间一定要通过摄入足够的乳制品来补充钙。

2018年，顶级医学杂志《柳叶刀》(*Lancet*)发表了PURE研究，证明每天摄入乳制品可降低心血管事件风险。PURE研究为一项大型多队列研究，来自五大洲的21个国家参与，研究对象年龄范围35～70岁，对136 384名参与者乳制品的摄入情况进行考察，包括牛奶、酸奶、乳酪和黄油。研究的主要终点为病死率及主要心血管事件发生率(心血管疾病、非致命性心肌梗死、脑卒中或心力衰竭)。研究发现，相比于不摄入乳制品的人群，每天摄入2份以上乳制品人群的总病死率下降17%，心血管疾病病死率下降23%，心血管疾病和脑卒中分别下降22%和33%。其他一些研究结果也基本类似。市面上的乳制品种类繁多，应该如何选择才好呢?

(一) 纯牛奶

纯牛奶是最常见的一种乳制品，营养丰富，价格相对便宜且方便保存，是理想的天然食品。纯牛奶中的矿物质和微量元素都是溶解状态的，很容易被人体吸收，适合大部分的心血管疾病患者。

(二) 低脂脱脂奶

按照乳脂肪含量的不同，牛奶可以分为全脂奶(脂肪含量为

3.5%～4.5%)、半脱脂奶(1.0%～3.5%)和脱脂奶(一般<0.04%)。牛奶不仅供应能量,牛奶所含的优质蛋白质也是人体所必需的。但是低脂或脱脂牛奶的口感不好,像水一样,不够香浓。其实脱脂牛奶除去了饱和脂肪,保留了牛奶中对人体有益的营养成分,如蛋白质、维生素、矿物质、微量元素等。低脂或者脱脂乳对伴有高血脂的心血管疾病患者较适合。

(三)酸奶

酸奶是以牛奶为原料,经过巴氏杀菌后再向牛奶中添加有益菌(乳酸菌),经发酵后,再冷却灌装的一种牛奶制品。酸奶能将牛奶中的乳糖和蛋白质分解,使人体更容易消化和吸收。因此,适合乳糖不耐症的患者食用,又不会发生腹胀、腹泻等情况。酸奶还有促进胃液分泌、提高食欲、促进和加强消化的功效。酸奶中含有的乳酸菌能减少某些致癌物质的产生,因而具有防癌作用。酸奶还能抑制肠道内腐败菌的繁殖,并减弱腐败菌在肠道内产生的毒素。酸奶也同样适合心血管疾病患者,同时还对乳糖不耐症、便秘的患者有帮助。

(四)奶酪

奶酪是一种发酵的牛奶制品,其性质与常见的酸牛奶有相似之处,都是通过发酵过程来制作的,也都含有有益的乳酸菌,但是奶酪的浓度比酸奶更高,近似固体食物,奶酪也因此含有更加丰富的蛋白质、钙、脂肪、磷和维生素等营养成分,也适合心血管疾病患者。一般来说,40 g 奶酪 = 250 mL 牛奶 = 200 mL 酸奶,可以和牛奶、酸奶交替吃。

(五)舒化奶

这是一款专为乳糖不耐症的人设计的牛奶,成功解决了部分人喝牛奶拉肚子的毛病。简单来说,舒化奶就是添加了乳糖酶的牛奶。乳糖酶会把牛奶中的乳糖水解成葡萄糖和半乳糖,所以它的口感比一般牛奶甜。除了口感更甜外，舒化奶中的蛋白质、脂肪和钙和普通牛奶是没有差别的。所以，如果没有喝牛奶拉肚子的毛病，选择普通牛奶就好。

（六）含乳饮料

含乳饮料是以鲜乳或乳制品为原料，经发酵或未经发酵加工制成的制品。含乳饮料的配料除了鲜牛奶以外，一般还有水、甜味剂、果味剂等，而水往往排在第一位，而非鲜牛乳，所以它的蛋白质含量和营养成分无法与纯牛奶相比，因而营养价值也不能与纯牛奶相提并论。不建议心血管疾病患者饮用含乳饮料。如果长期大量饮用，也会增加肥胖、龋齿和糖尿病的风险。怎样区分牛奶和含乳饮料呢？我们可以查看营养成分表：脂肪含量在3%以上，蛋白质含量不低于2.9%，总干物质在11.2%以上，达到这个标准一般都是纯牛奶；反之，则是含乳饮料。

含乳饮料分为中性乳饮料和酸性乳饮料，按照蛋白质及调配方式分为配制型含乳饮料和发酵型含乳饮料。配制型含乳饮料：蛋白质含量不低于1.0%的称为乳饮料。发酵型含乳饮料：发酵型含乳饮料中蛋白质含量不低于1.0%的称为乳酸菌乳饮料，蛋白质含量不低于0.7%的称为乳酸菌饮料。严格地说，含乳饮料不属于乳制品，不能代替牛奶和酸奶，心血管疾病患者尽量喝牛奶、酸奶。

十五、饮酒究竟是“伤心”还是“护心”

饮酒是一种常见的社会习俗，在社会交往、婚丧嫁娶和庆贺活动中不可或缺，从“无酒不成席”这句话中就可以体会到饮酒在生活中的重要地位。按酿造方法分类，酒可分为发酵酒、蒸馏酒和配制酒；按酒精含量（酒度）分类，酒可分低度酒、中度酒和高度酒。①高度酒是指酒精含量在40度以上的酒，如高度白酒、白兰地和

伏特加。②中度酒是指酒精含量在 20～40 度之间的酒，如 38 度的白酒和马提尼等。③低度酒是指酒精含量在 20 度以下的酒，如啤酒、黄酒、葡萄酒、日本清酒等。各种低度酒间的酒度相差很大。一般啤酒酒精含量在 3.5%～5%之间，通常把含酒精 2.5%～3.5%的称为淡啤酒，1%～2.5%的称为低醇啤酒，1%以下的则称为无醇啤酒。2012 年，中国居民营养与健康状况监测结果显示，我国成年居民饮酒率是 32.8%，男性的饮酒率是 52.6%，女性饮酒率远低于男性，为 12.4%。《中国居民营养与慢性病状况报告(2015 版)》指出，我国成年居民有 9.3%属于有害饮酒。

谈到饮酒对健康的影响，需要先了解酒中都含有些什么？酒的主要化学成分是乙醇(酒精)，除了含水和酒精外，有的酒中还含有少量的糖和微量肽类或氨基酸，酒中还有有机酸、酯类、甲醇、醛类和酮类等。有机酸和酯类与酒香味和滋味有关，甲醇、醛类和酮类等与酒的不良反应有关。除此之外，有些酒精饮料中含有铁、铜

或铬，由于这些成分的含量太少，所以不具有太多的营养价值。

酒精饮料可以提供较多的能量，特别是高度的白酒，但营养素的含量很少。1 g 酒精可以产生 29.3 kJ(7 kcal)的能量。酒精饮料中含的酒精量不同，所含的能量不同。100 mL 浓度为 50%的白酒可产生 1 464.4 kJ(350 kcal)的能量。虽然酒精在体内不能直接转换为脂肪，但其产生的能量可以替代食物中脂肪、糖类和蛋白质产生的能量在体内代谢。当摄入能量大于消耗能量时，机体就会将由酒精所替换其他食物来源的能量转变为脂肪在体内储存。

适量饮酒有一定的精神兴奋作用，可以产生愉悦感；但过量饮酒，特别是长期过量饮酒对健康有多方面的危害。过量饮酒尤其是长期过量饮酒的人，会使食欲下降，食物摄入量减少，从而发生多种营养素缺乏、急性和慢性酒精中毒、酒精性脂肪肝，严重时还会造成酒精性肝硬化。每天喝酒的酒精量大于 50 g 的人群中，10～15 年后发生肝硬化的人数每年约为 2%。过量饮酒还会增加痛风、心血管疾病和某些癌症发生的风险。长期过量饮酒还可导致酒精依赖症、成瘾以及其他严重的健康问题。

饮酒与心血管疾病的关系一直存在争议。既往有研究结果表明，少量饮酒(每天摄入 14～28 g 酒精)患冠心病的风险小，可以降低总病死率。但每天摄入酒精 30 g 以上者随饮酒量的增加血压显著升高，心血管疾病风险明显上升。越来越多的研究在尝试挑战适量饮酒有益心脏的观点。2018 年发表的一项汇总分析纳入了 56 项流行病学研究，目的是研究饮酒量和冠心病之间的关系。研究者尝试一种新的研究方法：孟德尔随机化试验(Mendelian randomization)。该研究发现，即使少量饮酒也会增加患冠心病的风险。研究者认为，他们的研究可以理解为，不要为了保护心脏去喝酒，另一方面，如果您确实喝酒，但又很担心患心

血管病风险，那就减少饮酒量吧，不管您原来喝多少。2018 年 8 月，顶级医学期刊《柳叶刀》在线发布了《全球疾病负担研究》(*Global Burden of Disease Study*)的最新分析数据，聚焦 195 个国家或地区饮酒所致的疾病负担。该研究样本量 2 800 万人，是迄今为止关于饮酒研究中最大的，综合了全世界数百项队列研究提供的大量数据，在分析全球人口的死亡率、死因和各种疾病的影响方面意义重大。数据分析显示，在全球每年因各种原因死去的 3 200 多万人中，喝酒直接导致 280 万人的死亡，是第七大致死和致残因素。在 15～49 岁人群中，近 10%的死亡率归因于饮酒。该研究表明，少量饮酒的有益作用只体现在部分心血管疾病中，而在内分泌疾病、肝脏疾病和肿瘤方面的研究中，无论饮酒量多少，饮酒都是有害因素。因此，即使对心血管有一定保护作用，饮酒都会对其他器官造成损害。所以，最安全的饮酒量是 0，即不饮酒。

面对快节奏的生活和紧张的工作，饮酒也是一种消遣方式。但是这些都不能成为过量饮酒损害健康的理由。为了自己和他人的健康，为了彼此的幸福，饮酒一定要有节制。这种节制不能以醉酒为界，而要以不损害健康为限。应当清楚，每次大量饮酒以致醉酒，都是对健康特别是对肝脏的严重损害。因此，一定要倡导文明饮酒，不提倡过度劝酒，切忌一醉方休或借酒浇愁的不良饮酒习惯。如要饮酒也尽量少喝，最好是饮用低度酒(如啤酒、葡萄酒或黄酒)，并限制在适当的饮酒量内。喜欢喝白酒的人要尽可能选择低度白酒，忌空腹饮酒，摄入一定量食物可减少对酒精的吸收；饮酒时不宜同时饮碳酸饮料，因其能加速酒精的吸收；高脂血症、高血压、冠心病等患者应忌酒。综合考虑过量饮酒对健康的损害作用和适量饮酒的可能健康效益，以及其他国家对成年人饮酒的限量值，中国营养学会建议成年男性一天饮用酒的酒精量不超过

25 g，成年女性一天饮用酒的酒精量不超过 15 g。折算成各种酒类，就是要记住“四个一”：每天喝白酒不超过 50 g(1 两)，红酒黄酒不超过 1 杯，啤酒不超过 1 瓶，每天只能喝 1 种酒(就是不要喝混酒)。如果确实喝多了，最好的解酒办法就是大量喝水，通过排尿排出一部分酒精，也可以试着喝点蜂蜜水、酸奶、西红柿汁等来缓解症状。不建议任何人出于预防心脏病的考虑开始饮酒或频繁饮酒。

十六、如何健康饮茶

中国是茶的故乡，也是世界茶文化的发源地。关于茶最早的记录来源于神农氏“尝百草，日遇七十二毒，得茶而解之”的传说。古代医书里说茶叶是“万病之药，百草之长”。老百姓也常说“当家度日七件事，柴米油盐酱醋茶”。这些都说明茶在我国人民生活中的重要地位。国人爱喝茶，一是喝茶契合修身养性的传统文化理念，二是喝茶有益身体健康。古往今来，茶一直都是人们平时最常喝的饮品之一。

茶的品种众多，有绿茶、红茶、青茶、黑茶、白茶和黄茶等。现代科学证明，茶中多种成分有健康保健作用，其中主要的是茶多酚、类黄酮、儿茶素、茶氨酸、茶多糖和单宁酸等成分。这些成分具有增强人体免疫力、促进解毒、强心利尿、提神醒脑、生津止渴、抑菌消炎和防癌等健康作用。

喝茶能够预防心血管疾病。茶多酚是茶叶中的一种水溶性物质，约占茶叶干重的 36%，是茶叶的主要保健功能成分。茶水中茶多酚可以溶解出 70%～80%。茶多酚、儿茶素等活性物质可以使血管保持弹性，增强微血管的韧性。茶多酚还可以调节血脂，降低血胆固醇，从而保护血管内皮，抑制平滑肌的增殖和肥大，以预防动脉粥样硬化的发生和发展。荷兰的研究者发现每天喝 1～2

杯红茶可使患动脉粥样硬化的风险降低 46%，每天喝 4 杯以上红茶则风险降低 69%。喝茶还能预防脑卒中。

心血管疾病患者在饮茶时应注意以下几点。

1. 茶不宜太热或太凉　喝茶时，茶的温度不宜超过 60℃；温度也不宜太低，10℃以下的冷茶对人的口腔和肠胃道会产生不良反应。提倡温热饮，以 25～50℃为宜。

2. 茶不宜过浓　喝淡茶可以养生，浓茶则有损健康。一般一杯茶放 3～4 g 茶叶就可以了，过浓的茶会加速心率产生心悸，阻碍人体对铁的吸收还易产生便秘。饮茶应以清淡、适量为主。

3. 忌饭后立即饮浓茶　饭后饮茶有助于消食去腻，但因茶多酚可与铁质、钙质、蛋白质等结合而影响营养素的吸收，因此一般宜饭后半小时饮茶。饭前大量饮茶既冲淡唾液，又影响胃酸分泌，因此饭前半小时也不要饮茶。

4. 睡前不饮茶　饮茶会使人兴奋，难以入睡。因此，睡前不宜饮茶。

总之，心血管疾病患者饮茶应掌握“清淡为好，适量为佳，即泡即饮，饭后少饮，睡前不饮”的原则。

十七、咖啡怎么喝

很多白领喜欢在工作时喝一两杯咖啡，既好喝，又提神。但是，也有一些人喝咖啡后会出现心率加快等情况。那么，心血管疾病患者到底能不能喝咖啡？怎么喝咖啡呢？

咖啡含有大量抗氧化物质（主要是绿原酸），能对抗氧化应激，对健康有益。综合过去上百项大型研究的结果，已经被证实的咖啡好处有：提神，提高运动能力，降低患癌症风险（主要是乳腺癌、前列腺癌、皮肤癌、肝癌），降低患糖尿病风险，保护肝脏，减肥等，

但也有一些研究表明咖啡有一些坏处，如干扰矿物质吸收、对胎儿发育不利，引起骨质疏松、肾结石等。至于咖啡对心脑血管疾病的影响，目前争议很大，难以形成倾向性的结论。

咖啡因是咖啡中的主要物质，它可使人精神振奋，消除疲倦，提高大脑的活动能力，促进消化。咖啡因又能够振奋神经系统而诱发失眠。摄取过多的咖啡因，能引起耳鸣、心率加快和血压升高。目前已有的研究发现，咖啡对心血管系统的影响有：短期饮用咖啡可升高血压，长期饮用对血压无明显影响；在不常摄入咖啡因的个体中，咖啡可升高血压，但在习惯性饮用咖啡的个体中，咖啡对血压几乎没有急性作用。咖啡可提高胰岛素敏感度；常喝未过滤的熟咖啡会升高血胆固醇和低密度脂蛋白胆固醇（LDL），而现磨咖啡对于总胆固醇含量、低密度脂蛋白胆固醇（LDL）、高密度脂蛋白胆固醇（HDL）水平没有影响；咖啡并不会增加心律失常风险；咖啡与心血管疾病的关系与饮用量有关。咖啡饮用量每天＜5杯，饮用咖啡为慢性心力衰竭保护因素，其中咖啡饮用量每天 3 杯，慢性心力衰竭风险最低；而每天超过 5 杯，则可能增加患心血管疾病风险。

《美国心脏协会杂志》（*Journal of the American Heart Association*）刚刚发布的一项大规模的研究表明，不管是咖啡、茶还是巧克力都不会增加心脏期前收缩的发生。如果只喝 1～2 杯咖啡就出现心悸，这一般不是咖啡本身带来的问题，而代表心脏功能储备不足，需要去医院进一步检查。对于那些高血压、冠心病、动脉粥样硬化等疾病患者来说，除非是急性心肌梗死、恶性高血压等急重症不推荐之外，其他可根据自身情况酌情每天喝 1～2 杯咖啡。值得注意的是，咖啡本身能量不高，但为了调味而加入很多糖或者奶精，一杯咖啡的能量就会比原来高出很多，长期饮用这些高能量咖啡，导致肥胖，还是会增加心血管疾病的风险。

当然，无论有无心血管的问题，如果喝咖啡喝到心悸、冷汗、失眠，这就是过量了。如果要喝咖啡，对于国人来说，每天最好 1～2 杯，不超过 5 杯。如果肠胃不好，可以适当加些牛奶以减少咖啡对胃的刺激。

咖啡虽好，也需因人而异，适量适度，根据自身情况把握，对于爱喝咖啡的心血管疾病患者来说可以继续享受美味，但不要过量。而从不喝并排斥咖啡味道的心血管疾病患者也没必要因为咖啡的其他健康作用强迫自己喝。

十八、能多喝水吗

很多人都知道保持健康要多喝水，但是心血管疾病患者能多喝水吗？及时喝水对心血管疾病患者有好处，可以降低血黏度，减少血栓形成的风险。但是，喝水太多、太快确实也会加重心脏负担，甚至诱发心血管疾病患者出现意外。那么如何科学补水呢？

第一，要判断体内是否缺水，及早发现缺水的信号。最简单的办法是看尿液的颜色。尿液越透明，说明体内水越多，而颜色越深，则体内水越少。缺水的早期信号包括头痛、疲劳、欲望降低、皮肤发红、不耐热、嘴干和眼干等。

第二，心血管疾病患者要注意不能等到口渴时才喝水。感到口渴时，人体已经失水超过体重的2%，中枢神经发出要求补充水分的信号。感到口渴时，人体内水分已失去平衡，人体细胞脱水已到一定程度。缺水时会使全身血容量减少、心脏灌注压下降、心输出量降低，容易造成心肌损害。中老年人对失水的口渴反应减低，更容易出现缺水导致的心血管损害。

第三，心血管疾病患者喝水以白开水、淡茶水为宜，及时补充身体所需的水分和电解质。每天的饮水量以1 200～1 500 mL为宜。如果出现心功能不全，应适当减少饮水量，或根据医嘱决定每天的饮水量。

第四，喝水要“少量多次”，不要一次猛喝。心血管疾病患者一次大量喝水，会使血容量增加，加重心脏负担。心脏不得不加大输送血液的力度和速度，可能会出现胸闷不适。而且，多余的水分会从血管渗透到身体各部位，使人体出现水肿，甚至诱发或加重病情。

第五，对于心血管疾病患者来说，有几个时间段要特别注意饮水：①清晨醒后，喝杯水非常重要。早晨是人体生理性血压升高的时刻，血小板活性增加，易形成血栓。加之睡了一夜的觉，排尿、皮肤蒸发及口鼻呼吸等均使不少水分流失，血液黏稠度增高，易形成血栓。②睡前半小时要喝水。晚上睡觉时，血流速度减慢，如果血液黏稠度增高，易形成血栓。饮用适量的凉开水，能稀释血液，预防血栓发生。当然，睡前喝水不宜过多，以半杯为宜。③如果进行户外活动，应该在活动前、中、后补水，运动前15分钟，喝水

200～400 mL。每运动 15 分钟左右，再喝 100～200 mL 水；运动后也应及时适量补充。④在飞机机舱、在封闭的办公室和沐浴前后，人体容易出现脱水，也要注意及时喝水。

总之，水是维持身体健康所必需，又是预防心脑血管疾病的重要因素，每天喝水要保证充足的量，还要注意饮水的时机。

十九、盐吃多了为什么会使血压升高

心血管疾病患者需要控制盐的摄入。食盐中的钠离子是维持正常生理代谢的重要物质，钠摄入过高过低都不行。目前很少出现盐吃得过少的情况，绝大多数都是盐摄入超标。过多的盐会升高血压，诱发心血管疾病。

食盐的主要成分是氯化钠，它在人体内主要以钠离子和氯离子的形式存在于血液等细胞外液中。钠离子有一个特点，就是要和一定量的水在一起。也就是说血液里钠离子越多，血液中的水也要越多。正常情况下，一个成人的血液总量为每千克体重 65～

90 mL，假定一个人的血液总量为 5 000 mL，每多吃 1 g 食盐，就要多吸收水分 200～300 mL。如果这个人每天多吃了 2 g 盐，他的血液总量就要由 5 000 mL 增加到 5 500 mL，这当然会使心脏的负担增加。

如果把 5 000 mL 的血液泵动起来，心脏需要搏动 100 次，每次搏出 50 mL，而要 5 500 mL 血液泵动起来，每次就要搏出 55 mL，这就要求心脏的收缩加强。犹如自来水在水管中流动，要有一定的压力一样，血液在血管内流动时，对血管壁也会产生压力，动脉血压就是心脏收缩舒张时，所喷出的血液对动脉壁的侧压力。可见，每次心脏搏出 55 mL 血液的压力，必定超过搏出 50 mL 的压力。此外，血液总量增加后，人体的交感神经兴奋会导致心率加快，并促进肾脏分泌肾素，肾素可以使血管收缩，外围血管阻力增高，血压进一步增高，所以多吃盐易得高血压。

随着血液中钠离子的增高，其他细胞外液中钠离子也会增高。这时出现的另一个问题是细胞内外钠离子浓度梯度加大，使细胞外的钠离子跑到了细胞内，水也跟着跑了进来。结果细胞发生肿胀，使血管的管腔变窄，就如同水管变窄后对水管壁的压力会增加一样也会导致高血压。

还有一点就是高盐摄入引起细胞内钠离子增加，还会抑制细胞膜上的钠-钙交换，使细胞内钙排除减少，导致血管平滑肌细胞内钙离子浓度上升而引起血管平滑肌收缩，这有点像使劲拧这个水管一样，导致外周血管阻力增加，进一步导致血压升高。

可以说盐具有调节血容量、血管弹性和血压的功能，这决定了它与高血压之间的不解之缘。

高盐饮食是高血压等心血管疾病的重要风险因素之一。高盐饮食地区的高血压人群患病率往往较高。研究发现，每天摄入食盐在 3 g 以下的地区，人群平均血压较低，而且血压不随年龄增加

而升高，高血压患病率也很低；每天摄入食盐在 6～8 g 的地区，人群血压相应升高，高血压患病率有所增加；食盐用量高达 20 g 的地区，高血压患病率高得惊人，患高血压并发症的人数也相应增多。

在我国进行的很多研究都表明人群的血压水平和高血压的患病率与食盐的摄入量密切相关。总体来说，我国居民高血压患病率北方高于南方，农村高于城市。而食盐摄入量与其相一致，也是北方高于南方，农村高于城市。

二十、家常烹调如何少吃盐

人体摄入的盐有 3 个来源，即食物自身含的钠量，烹调时外加的酱油和盐，以及食品加工过程中为防腐、调味和着色而添加的盐和含钠的食物(小苏打碳酸氢钠、防腐剂苯甲酸钠)。平时限盐主要是控制烹调和餐桌上的用盐量。成年人一天吃多少食盐是合适的呢？人体需要的钠主要从食物和饮水中来，食盐、酱油、味精、酱和酱菜、腌制食品等都可以提供较多的钠，肉类和蔬菜也可以提供少部分钠。正常成年人每天钠需要量为 2 200 mg，在强体力活动时或高温时，因大量出汗则钠的需要量也要增加。我国成年人一般日常所摄入的食物本身大约含有钠 1 000 mg，需要从食盐中摄入的钠为 1 200 mg 左右，食盐中的钠占其重量的 40%，也就是说要保证 1 200 mg 钠的摄入要吃 3.05 g 的食盐。因此，实际在每天食物的基础上，摄入 3 g 食盐就基本上达到人体钠的需要，由于人们的膳食习惯和口味的喜爱，盐的摄入量远远超过 3 g 的水平。因而，WHO 曾提出每人每天 6 g 食盐的建议，2006 年 WHO 又提出每人每天 5 g 食盐的新建议。目前，中国营养学会建议健康成年人一天食盐(包括酱油和其他食物中的食盐量)的摄入量是 6 g。鉴于我国居民食盐实际摄入量与目前 6 g 的建议值有较大差距，因此对于健康成年人来说，仍然维持目前建议值，即每天 6 g 盐。

如果每人每天吃6 g盐，一个三口之家一天18 g，一个月30天应该是一袋盐。不过还要注意酱油里也含有盐，5 mL酱油就含有1 g盐。豆腐乳和咸菜里含有盐，一块豆腐乳和与之差不多大小的咸菜里就含有3 g盐。如果还吃了一个咸鸭蛋，这里的盐也要算进去。据调查，我国北方居民每人每天摄入食盐18～20 g，我国南方居民为10～12 g。根据这个结果，北方人食盐要摄入减少2/3，而南方人要摄入减少1/2。

经年历久养成的生活习惯纠正需要一个循序渐进的过程。开始的时候您是会觉得食物淡而无味，这段时间需要的是毅力和坚持。经过一段时间后，您的味觉就会调整过来，逐步适应低盐饮食，那时候再让您吃高盐的饮食您就会主动拒绝了。

家常烹调的时候有哪些办法可以帮助我们少吃盐呢？

1. 分步限盐法　对于那些已经习惯了重口味的人，从目前的水平一下子就降到6 g盐，可能会觉得食之无味，难以下咽。其实，吃得咸和吃得淡只是一个习惯问题。为了健康，习惯应该是可以改的，就像戒烟也很难，但是很多人也都戒掉了。减少食盐也应该循序渐进，开始几个月只减少10%～20%，等适应了以后再逐步减少。试验证明，人们对咸味的感受并没有想象的那么灵敏，我们的舌头多数是尝不出自己吃的食物比原来少放了10%～20%的盐的。所以，改变高盐饮食习惯完全可能，关键是我们把它放在什么认识高度上。对摄盐量高的人群，可以先减少原有摄盐量的1/3，比如，某人估算自己每天摄盐量为18 g。那么他可以先减少到每天摄盐12 g，也就是先减少到原来的2/3，再逐步过渡到减少至原有摄盐量的1/2，即每日6 g的理想摄盐水平。

2. 计量盐勺法　养成使用计量盐勺的习惯，按标准使用盐和其他调味品。尽量使用盛装2～3 g盐的盐勺。没有盐勺的，可用一个普通啤酒瓶盖装盐，平装满一盖，即相当于5～6 g食盐量。

烹制菜肴时如果加糖会掩盖咸味，所以不能仅凭品尝来判断食盐是否过量，应该使用计量盐勺使控盐更加准确。

上海 600 万家庭在 2008—2009 年逐步收到免费发放的限量 2 g 的小盐勺。政府部门希望上海市民能按照 WHO 推荐的每人每天 6 g 盐的标准，控制盐摄入量，进而降低高血压、冠心病等心脑血管疾病的发病率。根据有关报道，限盐勺的使用情况并不理想，不少市民把它放在一边弃之不用。不用限盐勺的原因有很多：有的人认为“一天三顿有两顿在外吃，自己烧菜时不知道该加多少盐”，也有人认为“很难控制使用量，又不是只做一个菜，也不一定一餐把所有做的菜全吃完”，还有人以为“一勺就是一天的用量。每次都不敢放盐”，结果是“菜淡得没法吃”。要解决这些问题，确实有些难度。最好的办法是请营养师或社区医生根据您家里吃饭的人数、餐次的具体情况和烹调习惯帮您制订家里盐勺的使用方案。如果做不到，还有一个简单的办法，就是烧一个菜用一勺盐。这样就要求“烧饭的人”和“吃饭的人”从各自的角度控制盐的摄入量。烧饭的人应该知道平均每个菜最多用一勺盐。如果一个菜多放了一些，另一个菜一定要少放一些。吃饭的人应该知道每人每餐最多吃 2 g 盐。首先控制好平均每个菜有 2 g 盐，那么如果有 2 个菜，自己每个菜最多吃 1/2；如果有 3 个菜，每个菜最多吃 1/3；如果菜更多，以此类推。不管做几个菜，不管吃不吃完，都可以采用这个办法。每天只在家吃晚餐的人应该知道自己的晚餐也只能吃 2 g 盐。我们可以先在自己能够控制的范围内尽量减少盐的摄入量，培养自己清淡的口味，而不是因为多在外就餐就放弃盐的控制，即使盐勺只在每天的晚餐用一次也很有意义，它可提醒我们控制食盐摄入的重要性。使用盐勺还有几个注意事项：一勺是指平平的舀一勺，要把高出盐勺的部分去掉；酱油和味精等调料也含盐分，要尽量少用；烹调时可以在起锅关火时再加盐，稍微搅拌盐就

可以完全溶解，这样盐停留在食物表面，同量的盐有更好的口感；剩菜盘子里的汤水千万不要食用，因为那里面盐分不少。每个家庭都应该记录一袋盐开始食用的日期和用完的日期，算出之间的天数，用 500 g 除以天数，再除以家中就餐人数，这样便可以大致算出平均每人每天在家里吃了多少盐。考虑到两种情况：一是有的家庭每天都会有一到两餐是在外就餐，我们从家庭外面摄入了盐；二是我们买回的盐也不是完全吃进去了，有一部分的盐用于腌制食物或随剩菜剩汤丢弃了。这样算来，三口之家每月食盐使用量应控制在 1 袋(500 g)以内。这是单纯从盐的角度来计算，如果算上酱油，那么一个三口之家，一个月下来，食盐的消耗量应控制在 300～350 g，酱油使用量应该在 1 瓶以内。另外，我们还可以自己找个限盐罐，结合限盐勺，把一家人一日三餐的用盐量一次性装入限盐罐里。这样，不管您一天做几顿饭，每顿饭做几个菜，都可以很好地把握全家人一天的用盐总量，不会超标了。

3. 晚放盐法　炒菜的时候晚放盐比早放盐要好。要达到同样的咸味，晚放盐比早放盐用的盐量少一些。人体味蕾上有咸味感受器，它与食物表面附着的钠离子发生作用，才能感知到咸味。如果晚些放盐，或者少放些盐，起锅前加少量酱油增味，盐分尚未深入食品内部，但舌头上照样感觉到咸味。如此，就可以在同样的咸度下减少盐的用量。如果较早放盐，则盐分已经深入食品内部，在同样的咸度感觉下不知不觉摄入了更多的盐分，于健康不利。同样的，在做凉拌菜的时候，也应当在放盐后尽快吃完，让盐分来不及深入切块内部。同时也要弃去盐分集中的盘底汤汁部分。

4. 餐时加盐法　还可以进一步采用餐时加盐法，即在烹调时不加盐，而在餐桌上放上盐或酱油，等菜肴端到餐桌上时再把少量盐、酱油等撒在食物表面，这也是少吃盐的一种有效措施，很多外国人就是用这种方法减少食盐摄入的。因为在就餐时放盐，此刻盐主要附着在菜肴的表面，还来不及渗入其内部，但食用菜肴时咸味已经足够了，与先放盐的菜肴口感一样。这样，既能照顾到口味，使舌上味蕾受到咸味的刺激，唤起食欲，又可以在不知不觉中控制用盐量。

5. 一菜加盐法　一餐数菜时，可将盐集中在一种菜上，其他菜肴尽量不用盐。与其所有饭菜都是淡淡的，不如使一种菜突出，更容易引起食欲，有利于进食。

二十一、生活中限盐的 8 条妙计

都说“好厨师一把盐”，可见盐在烹调中的意义之大。没有足够的咸味，鲜味就无从谈起，再美味的鸡鸭鱼肉都显得那么淡而乏味。自古以来，人们就用盐来增加食欲、突出鲜味、压制腥臊杂味。其实，只要注意食物选择、食物的烹调方法和调味方式，还是可以两者兼顾的。下面限盐的 8 条妙计，都可在生活的一点一滴中加以改变，相信时间长了您会享受清淡饮食中的乐趣。

（一）尽量选择天然食物，少选包装食品

随着盐在成品、半成品、快餐等加工食品中广泛应用，现代人盐的摄入水平明显增加。

为了减少食盐摄入，尽可能多选天然的新鲜食物自己烹调。要尽量吃新鲜或冷冻没有腌制的食物，少吃用盐腌制的食品。在选择食品的时候，要尽量少选“加工食品”，小心那些在加工食品中“藏起来”的盐，它们也是国人盐摄入过多的重要原因之一，这类食品主要包括如下。

1. 调味品　味精、酱油、番茄酱、甜面酱、黄酱、辣酱和腐乳等。

2. 腌制品　咸菜、酱菜、咸蛋、松花蛋、雪里蕻咸菜、大头菜和酱菜等。

3. 熟肉制品　咸肉、腊肉、腊肠、熏肉、香肚、火腿、猪肉脯、猪肉干、牛肉干、香肠、午餐肉、酱牛肉、烧鸡、咸鱼、咸鸡和鱼干等，这些食物不但含有食盐，还含有亚硝酸盐。

4. 方便快餐食品　方便面调料、速冻食品和罐头食品等。

5. 零食　甜点、冰激凌、饮料、话梅、果脯和肉干等。它们虽然以甜味为主，也同时含有很多盐。

食品加工中为了提高美味指数，吸引消费者的青睐，会使用较多的食品添加剂，而这些添加剂大多是钠盐。例如，饼干、蛋糕当中的膨松剂，肉类制品中的发色剂，饮料里的磷酸盐等，咸味食品中的鲜味剂，都是含钠的化合物。膨化食品总是咸味太重，话梅、蜜饯都使用大量的盐。就连甜味的面包和饼干，其实也会加入一些盐，因为这样口味才更加诱人。此外，一些小零食中往往要添加食盐调味或防腐，如话梅、海苔、蜜饯、香菇干、鱼片、鱿鱼丝、牛肉干等，也隐含不少钠盐。

如果经常吃加工食品，即便自己感觉咸味不重，也会不知不觉地摄入过多钠元素，总盐分必然过量。还有一些市售的加工食品虽然吃起来不是很咸，但实际上也已经加入了较高盐分。这些食品回家后无须调味，直接吃下去就会造成盐分超标问题，如市售挂面、豆腐干、各种盐炒的干果（如花生、瓜子、核桃等）、速冻饺子、罐装肉类和罐装海产品等,往往比家里做的含有更多的盐。这些食品添加较多的盐,是因为盐有防腐作用,多加点盐能帮助防止储藏中的细菌繁殖。结果,其中盐浓度就会超过人体的需要量。所以,平日应当注意少吃加工食品和半成品,或者在烹调时加入大量水,或者多放点其他食品原料,使盐分得到稀释。

我们应该做个聪明的消费者,在超市挑选包装食品时,需要学会看外包装上的营养成分表,注意“钠”即“Na”的含量,也就是食品中的含盐量,要了解每 100 g 食品中的钠含量是否过高。查看钠的营养素参考值(NRV%),若某种包装食品钠的营养素参考值(NRV%)>30%,这说明吃 100 g 这样的食物,摄入的钠要超过每天钠需要量的 30%,这毫无疑问是高盐食品,应少购少吃。

（二）少盐的烹调方式也可以美味

要想在烹调中少用盐首先要认清楚一件事,就是咸味和温度的关系。咸味在较热的食物里,吃起来会感觉较温和,一旦温度下降,咸味就会变强,所以调味时注意此点,才不会一不小心就加了过多的盐。少盐的烹调方式其实有很多。比如,多用凉拌、蒸的方式,不但可以少用盐,食物的营养还可以更好地保全。把生鲜蔬菜切块,或者先把食物蒸熟,然后只用少量调味汁或调味酱蘸着吃就非常美味。调凉拌菜的时候,盐分往往局限在菜的表面和下面的调味汁中。如果尽快吃完,让盐分来不及深入食物内部,就可以把一部分盐分留在菜汤当中。虽然菜汤里有一部分维生素,但不必可惜,多吃些蔬菜、水果便可以弥补了。很多时候,不需要放太多的盐,尽量利用蔬菜本身的清香味刺激味蕾、增加食欲,比如番茄炒蛋、番茄炒菜花、肉丝炒青椒、清蒸茄子只用一点点盐反而味道更好,大家不妨试试。以蘑菇、木耳、海带为主料的汤菜、味鲜色浓,并有补益作用,完全可以加少许盐或不加盐。肉类如果稍微用

酱油腌一下，然后放在烤箱里面烤熟，也是一道省油、省盐的美食。这样做，不仅一滴油不用放，还能把其中的脂肪烤出来。这样烹调的肉类表面有点咸味和香味，内部味道较淡，减少了不少盐分。但是，通常只有最优质的肉类，才能制成这样淡而不乏味的美食。烹煮海产类食物时，可以不用额外加盐，因为一般海产类食物本身就有一定的咸度。当然也可利用海产类食物来搭配，像海带就是很好的配料。烹调时使用勾芡技术可以带来两方面的作用：如果原料本身不加盐，仅仅依赖芡汁当中的盐，那么勾薄芡可能减少菜肴的含盐量。如果菜肴原料本身含有盐分，芡汁量较多较浓，那么勾芡反而会让人摄入更多的盐分，这个是要注意的。

（三）多放醋，少放糖，适当加鲜香

食品的味道间有着奇妙的相互作用。比如说，少量的盐可以突出大量糖的甜味，而放一勺糖却会减轻菜的咸味。所以，需要控制盐分的人，最好避免吃放糖的菜肴，包括糖醋菜和甜咸菜，也要少吃蜜饯类小吃，以免无形中增加盐的摄入。反之，酸味却可以强化咸味，多放醋就感觉不到咸味太淡。因此，经常在菜里面放点醋可以减少盐的用量。做菜时加些番茄酱、柠檬汁，也有一样的效果。菜里多一点酸味还能促进消化、提高食欲，并增加矿物质的吸收率，减少维生素的损失，可以说是一举多得。因为味精等增鲜剂在弱酸性条件下鲜味最浓，如能在烹调时少量加醋，就可以用较少的味精达到满意的鲜度，这样味精用得少了也有利于减少钠的摄入量。

咸味不足的食品如果加点辣椒、花椒、葱、姜、蒜之类香辛料炝锅，可以使比较淡的菜肴变得更好吃一些。表面上撒一点芝麻、花生碎，或者淋一点芝麻酱、花生酱、蒜泥、芥末汁、番茄酱等，就会显得更加可口。同理，如果烹调原本味道浓重的原料，如番茄、芹菜、香菜、茼蒿、洋葱之类，不妨少放些盐。

（四）限制含盐食品配料，利用其他调味品弥补限盐后的口感需求

除了盐和酱油之外，很多调味品和食品配料中都含有盐分。例如，味精（谷氨酸钠）也是一种钠盐，小苏打（碳酸氢钠）和发酵粉也是膳食中钠的来源。如果使用它们，需要适当减少加盐量。同时，各种酱类调味品都是含盐大户，如甜面酱、蛋黄酱、沙拉酱、豆瓣酱、黄酱、日本酱、各种香辣酱和加饭酱。例如，黄酱当中的含盐量高达12%～15%，甜面酱也达6%～7%。假如菜肴当中使用这些调味品，就要相应减少食盐的量，甚至不放食盐。此外，豆豉、海鲜汁、虾皮、海米、淡菜、火腿、香肠等配料，也含盐多，调味时要十分小心，要先仔细品尝之后，再决定加多少食盐。各种方便调味包通常都按浓厚口味设计，如果全都使用肯定会使菜肴或汤汁咸味过浓。比较明智的方法是，把汤料或酱包取出一半用于调配，通常这时咸度比较合适。另外，在选购鲜味剂时，不妨选择鸡精或增鲜味精代替普通味精。味精的化学成分是谷氨酸钠，而增鲜味精中加入了肌苷酸钠或鸟苷酸钠，使味精的鲜味提高20～30倍，也就意味着达到同样鲜味的用量可以大幅度减少。鸡精中除去这两种成分，还有琥珀酸钠、蛋白质提取物、糖、盐等，其达到同样鲜度时，钠盐的浓度也比较低。注意，由于鸡精当中含有盐分，放鸡精的菜肴要适当减少放盐量。咖喱卤等复合型调味品已经加入了足量的盐，因此无须另外加盐。方便面调味料和方便汤料等通常会加入过多的盐，因此在使用时不宜全部投放，而是先投放一半，再按口味调节到自己能接受的较低咸味程度上。我们可以利用其他调味品弥补限盐后的口感需求，可以采用芝麻酱、咖喱、料酒、香料来调味，加蒜、姜、葱、胡椒等提味，用柠檬汁、醋、胡椒粉、芥末和香料等代替盐、酱油、蚝油、味精、腐乳和豆豉等。

（五）每餐有 1～2 个淡味菜肴

其实，很多新鲜“菜肴”并不需要咸味，仍然新鲜美味。例如，一块蒸南瓜或蒸甘薯，一盘生黄瓜条，一份番茄块……节日期间，这些菜肴与浓味菜肴搭配食用，一样给人以愉快的味感，还能增加新鲜天然的健康感觉。也有一些菜肴只需要极淡的调味即可。例如，一份嫩嫩的煎鸡蛋，只需要挤上一点柠檬汁，再加几滴酱油，便十分美味可口。一份白煮肉或白斩鸡，只需要蘸很少的一点生抽，便鲜味十足。至于一些海鲜和活鱼，清蒸或白灼之后，只需用醋、料酒、青芥和少量酱油蘸食，味道就足够美好。淡味菜肴对原料的品质要求极高，因此更能凸显食物的高档感觉。

（六）减少外出用餐

餐馆的饭菜品种丰富、花式繁多，适合不同人群的口味，往往油、盐放得太多，超出人们每天应该的摄入量。在餐馆用餐的时候，人们时常会消费大量动物性菜肴、喝咸味的汤，相比之下，淡味的主食却很少吃。显然，这更会产生钠摄入过量的问题，对健康有害无益，应尽量避免在外进食。

在饭店用膳时，可以请求在菜肴中少放盐。另外，可以准备一小碗清水，洗净盐浸食品中的盐。还要少食咸味浓的快餐，如汉堡包、油炸土豆等；注意餐桌上的含盐饮料，如含盐的果汁、菜汁、豆汁和茶汁。

有很多人因为在外吃饭吃得太咸，经常感到口干，喝很多水都不管用，怎样才能缓解呢？推荐多喝柠檬水，尽量不要喝含糖饮料和酸奶，因为过量的糖分也会加重口渴。淡豆浆也是一种很好的选择，其中 90％以上都是水分，而且还含有较多的钾，可以促进钠的排出，且口感比较清甜。就食物来说，推荐黄瓜和梨。黄瓜的钾、维生素和水分含量都很高，可以促进盐分排出；梨则有利尿的作用。要注意的是，一顿吃咸了，之后一两天就尽量吃清淡点，以

少盐食物为主，自己有意识地平衡一下。

总之，能在家做饭就不外出吃饭，在餐桌上也要有所选择，能少吃咸的就少吃咸的。

（七）喝咸汤不如喝粥汤

很多家庭的餐桌上，不管做了多少菜，一个美味的汤总是必不可少的。喝汤有很多好处，容易消化，富含养分，补充水分……喝汤，是中国人的好习惯；煲汤，也被认为是养生的好方式。然而喝汤也可能增加食盐摄入量。既往研究发现，每天多喝2碗汤约等于多摄入5 g食盐。如此之多的食盐是从哪里来的呢？按照一般的烹调咸度，菜肴的含盐量在2.0%～3.5%，汤的含盐量在1.2%～2.0%。即便按照2.0%的最低含盐量计算，从午餐和晚餐的菜肴中摄入的食盐量可达12 g。这个量，已经是每日食盐推荐量的2倍。所以，如果在菜肴之外，每餐加喝一碗汤，按含盐量1.2%计算，一小碗汤约200 mL，每日喝2碗汤，就约等于多摄入食盐5 g。

要少盐，有个很好的办法，就是不喝咸汤喝粥汤。粥汤几乎不含钠盐，也不含脂肪。如果使用豆类或粗粮原料，粥汤中还富含钾和B族维生素。清淡而富含水分的粥汤，既可以提供饱腹感，减少食量，也有利于控制体重。

1. 健康粥汤制作和食用诀窍

（1）不用纯白米，而是用玉米、小米或豆米等混合煮粥。

（2）煮时多加水，上层较稀薄的汤汁可以作菜汤饮用，下层较稠厚的汤汁可以代替米饭做主食。

（3）煮粥不必加盐，也不必加糖。

2. 推荐粥汤

（1）玉米片汤：速食玉米片2把，加水4碗，煮5分钟，即成气味芳香的好汤。

(2) 红豆粥汤：红豆 1 把，粳米 1 把，清水泡 24 小时，加水 4 碗，连泡豆水一起煮 30 分钟即可。最适合体胖者和容易水肿者。

(3) 绿豆粥汤：绿豆 1 把，粳米 1 把，清水泡 12 小时，加水 4 碗，连泡豆水一起煮 30 分钟即可。更适合夏季饮用。

(4) 小米粥汤：小米 2 把，加水 4 碗，煮 20 分钟即成。更适合冬季饮用。

CHINESE
RICE PORRIDGE

（八）使用低钠调味品

我们平时吃的普通碘盐中，氯化钠含量有 3 个级别，一级含量≥99.1%，二级含量≥98.5%，三级含量≥97%。低钠盐是以碘盐为原料，再添加一定量的氯化钾和硫酸镁制成的，只含有 60%～70%的氯化钠，同时还有 20%～30%的氯化钾和 8%～12%的硫酸镁。由于氯化钾和硫酸镁也带有少许咸味，在不影响口感的前提下，低钠盐使氯化钠含量下降了 1/3 左右。由于降低了钠含量，再加上钾和镁也是人体必需的常量元素，因此低钠盐的使用无疑

是肾脏病、高血压、心脏病等需要限制钠盐的特殊人群的福音。除此之外，由于钾和镁都是碱性元素，有利于膳食中的酸碱平衡，还可以帮助预防酸性体质，有利于预防钙的流失。镁本身就是骨骼和牙齿的成分，能帮助健骨。它们同时还能降低血管的紧张度，对于精神压力大的人和中老年人更为有益。目前，我国居民食物中的加工食品越来越多，而加工食品中往往含有过多的钠和磷，钾和镁过低。比如说，精白米和精白粉当中，钾的含量只有全麦粉和糙米的 1/3 左右。

此外，低钠盐有助膳食的矿物质平衡，有益于减轻精神压力。目前，市场上加工食品越来越多，这些食品往往含有过多的钠和磷，而钾和镁则过低。可乐含有大量磷，面包饼干又额外添加了钠。因此，烹调时应增加钾和镁元素，以求平衡。低钠盐中添加的钾和镁等碱性元素，有利于膳食中的酸碱平衡。同时，还能降低血管紧张度，对精神压力过大的青年人和中老年人更有益。可以说，日常烹饪改用低钠盐是获得钾和镁最便捷、最经济的方式。当然，有了低钠盐，也要健康吃。再好的东西，摄入过多，也可能物极必反。如果认为低钠盐不咸，或者认为其中的钾对身体好，就不节制地用，最终摄入的钠说不定比您用普通碘盐时还要多。所以，哪怕是低钠盐，用量也不宜过多。中国营养学会推荐，成年人膳食钠每天适宜摄入量是 2 000 mg，这样算来，每天能摄入的低钠盐也不超过 8 g 而已。另外要注意的是，低钠盐中的钠低了，但钾和镁含量却提高了。肾脏病患者，尤其是已经出现肾功能不全的患者(如尿毒症)，不可以吃低钠盐，因为低钠盐是以钾取代钠，如果摄入过多的钾，将无法排出体外，堆积在体内形成高钾血症，会产生严重的不良后果。所以肾脏病患者最好在医生的指导下使用低钠盐。因此，对于其他需要严格控制钾或镁含量的疾病患者，也不要盲目使用低钠盐。

二十二、您家的烹调油吃得过多了吗

目前，绝大部分家庭都已经用植物油作为烹调油，但是植物油的热量也是非常高的，100 g 植物油热量高达 900 kcal，而 100 g 猪肉的热量才 395 kcal。过高热量摄入会明显增加肥胖、高脂血症、糖尿病、心血管疾病和恶性肿瘤发生的风险。中国营养学会推荐的每人每天烹调油的摄入量只有 25 g，也就是两汤勺而已。可是目前城乡居民的实际摄入量达到 41 g。很多家常菜，如炸鸡腿、炸猪排、炸带鱼、水煮牛肉、水煮鱼片、油爆虾、糖醋小排、炒双菇、油焖茄子……无一不是油炸、油炒、油爆、油煸出来的。

据调查，有 80%中国家庭的烹调油摄入都是超标的。怎样知道自家的烹调油是不是吃得过多了呢？您只要回答以下几个问题：

(1) 您家有专门油炸食物用的小锅子吗？

(2) 您家里喜欢吃油炸的人更多吗？

(3) 您家里每周吃 3 次以上的油炸食物吗？

(4) 您家里经常购买超市包装食品（如薯条、肉串、小黄鱼等），然后回家油炸后食用吗？

(5) 您家里做鱼更多采用油炸、油煎的方式吗？

(6) 您家里做鸡翅和鸡腿更多采用油炸、油煎的方式吗？

(7) 您家里做的鸡汤、排骨汤表面有一层浮油吗？

(8) 您家里一些菜肴在出锅前还要淋油吗？

(9) 您家里素菜吃完后，盘子里的油比菜汤还多吗？

如果您对 5 个及 5 个以上问题的回答是“是”，那么您家里的烹调油是吃得过多了。我们应该选择更健康的烹调方式，比如炖、水煮、清蒸、凉拌等少油方式，只在少数时候把油炸食品作为一种口腹享受。不妨在每餐当中只做一个炒菜，配以一个炖煮菜和一个凉拌菜，每周只吃一次煎炸类食品。

心血管疾病患者应该了解自己吃了多少油。如果不知道自己吃了多少油就很容易过量。简单的办法就是：记录开始日期，用完后记录终结日期，食用油净重(g)÷天数÷就餐人数=每天人均食用油消耗量(g)。此法主要适用于常在家就餐，且就餐人员相对固定的家庭，当出现中途来客、偶尔在外就餐、个人食量不同等情况时，应做适当调整。

一般来说，一个三口之家，每天在家里吃早餐和晚餐，周末也在家吃饭，这样的家庭一个月用2 000 g(4斤)油比较合适，即我们在超市里常见的2 L一桶的小桶烹调油，也就是说一个三口之家一个月最多用这样的一小桶烹调油。

二十三、如何选择烹调油

烹调油，又称食用油，可以说是美食之源。中国菜好吃的口感都离不开它，但是过多摄入烹调油会带来过多的能量，导致肥胖，甚至诱发心血管疾病。所以，心血管疾病患者需要控制烹调油的摄入，而且在烹调油的选择上也要有所讲究。来到超市，看到货架上琳琅满目的烹调油，心血管疾病患者该如何选择呢？其实细细看下来，大致分为以下3种。

1. *第1种以大豆油、玉米油，葵花籽油为代表的* 它们含多不饱和脂肪酸比较高，即使在冰箱冷藏室里存放也不会凝固，但是它们不耐热，不适合长时间油炸、高温爆炒，炒菜的时候记得要“轻炒”，就是要在不冒油烟时就放菜。

(1) 大豆油：是一种极受国内消费者欢迎的食用油品种，尤其是在中国北方地区。闻起来有明显的豆腥味，新鲜的成品色泽呈淡黄或深黄，它在高温下不稳定，不适合用来高温煎炸，更适宜于拌馅或配合蒸腌。

（2）玉米油：是一种从玉米胚芽中提取的油，成品色泽明亮，有自然的清香，除含有大量不饱和脂肪酸外，还含有维生素 A、维生素 E 和卵磷脂。可以用于炒菜，也可用于凉拌菜。常吃玉米油有助于降低胆固醇，是高脂血症患者首选的食用油之一。

（3）葵花籽油：有天然的独特香气，自然爽口，不油腻，口感较好。含有大量的维生素 E 和抗氧化的绿原酸等成分，抗氧化能力较强。葵花籽油适合温度不高的炖炒。

2. 第 2 种以花生油、麻油为代表的　它们的脂肪酸组成比例为 1∶1∶1，比较均衡合理。

（1）花生油：有独特的花生风味，脂肪酸组成比较合理。它的热稳定性比大豆油要好，适合日常炒菜用，但不适合用来煎炸食物。花生容易污染黄曲霉，产生强致癌物黄曲霉素，如果喜欢吃花生油就一定要选择质量好的一级花生油。

（2）芝麻油：也就是香油。它是唯一不经过精炼的植物油，因为其中含有浓郁的香味成分，精炼后便会失去。芝麻油在高温加热后失去香气，因而不适合炒菜，而是适合做凉拌菜，或在菜肴烹调完成后用来提香。

3. 第3种以橄榄油、茶油为代表的　含有更多单不饱和脂肪酸的烹调油。

(1) 橄榄油：是著名的好油，色泽为黄中透绿，有温和的油香味，口味清淡，含有80%的不饱和脂肪酸，其中有70%以上的单不饱和脂肪酸，即油酸，有利于降低血液中的坏胆固醇(LDL)，升高好的胆固醇(HDL)。著名的地中海饮食就是以橄榄油为代表的健康饮食。橄榄油更适合凉拌和做汤等。

(2) 茶油：又称茶籽油，其脂肪酸构成与橄榄油相似，完全可以作为橄榄油的替换品。不饱和脂肪酸含量高达90%以上，单不饱和脂肪酸占73%之多。精炼茶油风味良好，耐储存，耐高温，茶油在煎到150℃时，也不会产生有害健康的物质。因此，适合作为炒菜油和煎炸油使用。

4. 第4种以菜籽油、黄油为代表的　脂肪酸构成不平衡的烹调油。

(1) 菜籽油：俗名菜油，是一种在国内相当普及的食用油之一。纯正的成品呈淡淡的金黄或棕黄色，闻起来有一定的刺激味道。从营养角度来看，因其成分构成不平衡，营养价值较低，不适用于制作凉拌菜肴。高温加热过的菜籽油应避免反复使用。

(2) 黄油：含脂肪80%以上，其中不健康的饱和脂肪酸含量特别高，达到60%以上，还有30%左右的单不饱和脂肪酸。黄油的热稳定性好，而且具有良好的可塑性，香气浓郁，是比较理想的高温烹调油脂。

(一) 选择烹调油的技巧

1. 并非越贵越好　国外食用植物油已进入了中国市场，但往往价格十分昂贵。有的消费者对这些国外产品十分信任，认为物有所值。其实，我们国家的食用油(如茶油、玉米胚芽油)从营养价

值上讲，完全可以和进口的橄榄油相媲美，而且价格便宜很多。

2. 变着花样吃油　市面上销售的食用植物油都能够满足人体基本生理功能的需要，各有优缺点，不能简单地说哪种是最好的。作为普通消费者，简单的做法就是不固定食用某一种食用油，而是隔一段时间换一种油，这样就可以使食用油中各种营养成分的摄入较为均衡。

3. 买油看等级　按照国家相关标准，市售烹调油必须按照质量和纯度分级，达到相应的质量指标。建议消费者全部选择一级烹调油。它们经过沉降、脱胶、脱酸、脱色、碱炼等处理，纯净、新鲜，不含毒素，杂质极少。

4. 买油看生产日期　油的质量和新鲜度关系极为密切。新鲜的油较少含有自由基和其他氧化物质，也富含维生素 E，而陈旧的油对健康的危害不可忽视。应当尽量选择生产日期短、颜色较浅、清澈透明的油，最好是在避光条件下保存油。

（二）如何健康吃油

1. 每天不超过 25 g（两汤勺）　按照中国营养学会公布的食用油推荐量，每人每天是 25 g。但是超过九成的城市居民都存在食用油过量的问题。食用油用量过大，不仅影响食品味道，而且影响人体对食物的吸收。长期吃脂肪过高的菜肴，对健康极其不利，易诱发胆囊炎、胰腺炎、肥胖和心脑血管等疾病。

2. 有意识地控制油　为了达到菜肴少油的要求，烹调方式应以汆、煨、炖、水煮、清蒸、涮、熏、卤、蒸、拌等为主，尽量少用煎、炸、焗、红烧、爆炒等耗油多的方式。选用不粘锅系列炊具可以少用油。原料的预处理不仅可以节省烹调用油，还可以改善菜肴的味道，如烧茄子时将茄子直接入油锅烧炒会消耗大量的烹调油，如将切成丁的茄子先置蒸锅上隔水蒸软然后再烧，就会少用很多油。

3. 炒菜不需先热油　炒菜先加油，这是所有学烹饪的人需要了解的第一步。等油烧到七八成热，再把菜或者肉倒进锅里煸炒，这样炒出的菜味道才香。其实，现代技术深加工出来的食用植物油，比如花生油、大豆油，已经不太适合在菜入锅之前先烧热了。炒菜其实不需要先热油，安全达标的食用植物油是可以生吃的，一加热反而会破坏很多营养物质，导致很难把握用油量，容易吃多。在菜出锅之后或出锅之前放少量油就可以了，这和凉拌菜的道理是一样的。其实油本身都有香味，只是需要改变我们的烹饪习惯。

4. 不要吃酸败(哈喇)的油　吃酸败的油会使体内维生素遭受严重损失。因此，应尽量避免。

5. 食用油不要放炉灶旁　炉灶旁温度较高，油脂长时间受热，就会分解变质产生有毒物质。同时，食用油受高温影响，油脂中所含的维生素A、维生素D、维生素E等均被氧化，降低了营养成分。因此，食用油最好放在凉爽避光处。

二十四、中国人如何用好橄榄油

橄榄油作为地中海沿岸国家的“特产”，是地中海饮食的主要特色。从最早有人工栽培记录算起，迄今已有数千年历史。《圣经》中，“油橄榄”即“Olive”一词出现200多次，足以说明在那个遥远的时代，橄榄油就已经与人们的生活密切相关，并有着许多神圣的意义。地中海饮食被发现有诸多健康保健作用而备受推崇。橄榄油作为地中海居民的日常烹调用油被认为是这些健康保健作用的重要来源食物。从此，橄榄油成为最昂贵的烹调油，成为食用油中的“液体黄金”。那么，如何用好橄榄油呢?

橄榄油之所以被认为是一种健康的烹调油，是因为它有一个非常显著的特点，含有高达80%的单不饱和脂肪酸(油酸)。食用油的主要成分是脂肪酸，与维生素、氨基酸一样，脂肪酸也是人体所需的最重要营养素。营养学上将脂肪酸分为饱和脂肪酸、不饱

和脂肪酸，又将不饱和脂肪酸又分为单不饱和脂肪酸与多不饱和脂肪酸。

此外，特级初榨橄榄油还含有丰富橄榄多酚、角鲨烯等活性物质。橄榄油因含有丰富的单不饱和脂肪酸和橄榄多酚等抗氧化活性物质，在抵御癌症方面显示了良好的作用。有研究显示，橄榄油中的多种活性物质降低了乳腺癌的发生率，有助于提高抗癌药物治疗的效果。

橄榄油比较适合心血管疾病患者使用，一方面可以降低对心血管健康有不良影响的低密度脂蛋白胆固醇（LDL－C）含量，同时还可以升高对心血管有保护作用的高密度脂蛋白胆固醇（HDL－C）含量。此外，它还能够降低与发生心脑血管疾病密切相关的同型半胱氨酸含量，减少过度的炎症反应，舒张血管，降低血压，从而对心血管系统起到一定的保护作用。还有研究发现，橄榄油对延缓肌肤衰老很有帮助。因为橄榄油含有丰富的单不饱和脂肪酸和维生素E、角鲨烯以及酚类等抗氧化物质，并且与皮肤亲和力强，能被迅速吸收，可以有效地保持皮肤弹性和润泽，消除面部皱纹，抗击紫外线对皮肤的伤害。所以，橄榄油是许多护肤品，特别是高档护肤产品中的重要成分。

国际橄榄油理事会2008年颁布的《橄榄油和油橄榄果渣油贸易标准》规定，橄榄油的名称按其等级分为特级原生橄榄油（或特级初榨橄榄油-Extra Virgin Olive Oil）、原生橄榄油（或初榨橄榄油-Virgin Olive Oil）、油橄榄果渣油（Olive Pomace Oil）等。所谓果渣油，就是从油橄榄果渣中提炼出的油。这种油质量比较低，国际橄榄油理事会标准规定，它在任何情况下都不能称作“橄榄油”。

目前，市面上的橄榄油品牌、品种众多，让人难以分辨。

虽然生活中看似鉴别橄榄油的方法很多，有看颜色的，有闻气味的……但都不够科学。现在还没有比较简单又准确的方法可以鉴别橄榄油是否掺假。建议购买橄榄油时，注意看包装、标签等是否有国家相关部门的认证，并对照不同等级橄榄油的油酸含量、酸值、过氧化值等标准，最好吃富有橄榄清香的高级初榨橄榄油，保证自己买的是对的橄榄油。

对于橄榄油的使用，经常有人问：橄榄油真的不能用于炒菜，只能凉拌吗？如果用初榨橄榄油炒菜，是不是它的营养价值就和玉米油、花生油一样了呀？还听说，如果橄榄油拿来炒菜，遇到高温的话，不但没有保健作用，反而比其他植物油还有害健康？之所有会有这些说法，理由是说橄榄油中富含单不饱和脂肪酸，就是油酸。油酸在高温下就直接变成反式油酸，反式油酸有害健康，所以橄榄油绝对不能加热。

其实，以上这些观点都不准确。橄榄油中单不饱和脂肪酸占据绝对优势，其实比含有更多多不饱和脂肪酸的大豆油和玉米油更耐热，就算在高温下产生反式油酸，也比大豆油和花生油少。非

特级初榨的、颜色为黄色的橄榄油，稳定性比大豆油还要强，很适合用来制作各种普通炒菜。只是，初榨橄榄油未经过精炼，其中游离脂肪酸多，而且颜色呈现黄绿色，其中有叶绿素这种促进氧化的光敏物质，故不太适合高温、长时间加热，最好用于凉菜或仅仅轻微加热的菜肴。再说，那种特殊的橄榄清香，也会随着加热而散失，就像香油用来炒菜会浪费其香气一样。

总的来说，橄榄油也有好几种，不同类型的橄榄油有着不同的用途。特级初榨橄榄油中的橄榄多酚等抗氧化物质最为丰富，营养价值很高，价格也最贵。为了充分发挥其所含多种健康活性物质的效用，最好用特级初榨橄榄油凉拌菜肴。而精炼橄榄油以及用精炼橄榄油和特级或中级初榨橄榄油混合的橄榄油中抗氧化物质虽然减少，但油酸含量依然很高，其耐高温的性能也较为优越，是可以用于日常煎炒等烹调的。所以说，橄榄油不能用于炒菜的说法是不准确的。

当然，橄榄油也不是完美无缺的，其缺点是维生素 E 含量比较少。所以橄榄油也需要和其他烹调油搭配调换使用，烹调油也要做到食物多样化。此外，橄榄油虽然含有多种丰富的健康物质，但它仍然是一种烹调油，是一种高能量的食物。目前，我国居民膳食中总脂肪摄入量偏高、烹调油摄入量偏高、能量摄入偏高，增加了中老年人肥胖、心脑血管疾病、恶性肿瘤等慢性疾病的发生风险。因此，控制好油脂的摄入量是改进膳食结构、预防中老年性慢性疾病的重要内容。食用橄榄油也应该在推荐的摄入量范围内，而并非多多益善。中国人可以吃地中海饮食，也需要更多地认知橄榄油，利用大自然的馈赠，生活得更加健康。

二十五、喝醋能软化血管吗

心血管疾病患者或多或少都听说过各种以醋为主的“食疗方

子”,有的说能降血压,还有的说能软化血管……同时,各种醋的保健品充斥市场。小小的醋,真有如此神奇的作用吗?

“少盐多醋”一直是中国传统的健康饮食养生之道,确实有利于心血管疾病的防治。营养师也建议,高血压和心脏病患者平时应该限制食盐的摄入,适当多吃点醋。醋拌海蜇头、糖醋黄瓜、醋熘土豆丝、西湖醋鱼等,都是适合心血管疾病患者的可口菜肴。即使没有高血压的人,做菜时适当加点醋也能增进食欲、帮助消化。

“醋能软化血管降血压”的说法在人群中流传已久,其实这是一个误区。目前尚无证据证明,醋泡食品可以降血压。营养专家指出,醋虽然可以溶解钙,但是动脉粥样硬化是血管内的粥样斑块形成,血管弹性降低和动脉钙化是不一样的概念,因而吃醋能软化血管的说法并不科学。血管的软化方法有很多,比如清淡的饮食、适量运动,降低血脂从而保持血管弹性。从饮食的角度看,如果用醋来增加饮食的风味,也许可以减少食盐的摄入量,也就是减少钠的摄入,从而预防血压的升高。但是,引起高血压的原因很多,以简单的“醋疗”将血压控制在理想范围内比较困难。有些患者可能觉得有效果,这更多是一种心理安慰作用。

还有一些保健醋、果醋也被宣传能降血压、预防心脑血管疾病。这些在普通食醋基础上加入各种保健食材,如大枣、桂圆、山楂等食材制成的保健醋,或者以添加水果汁、食用甜味剂等成分做成的醋饮料,从严格意义上来说已经不是醋,没有了传统酿造醋的成分和营养,而是饮料了。

醋营养价值不低,但并不是药。醋作为传统的发酵食品,含有有机酸、氨基酸、维生素和矿物元素等营养物质。用醋烹调可保护B族维生素和维生素C的稳定性,还能帮助人体对铁的吸收和利用,适量食用对人体有益。但是喝醋保健也不是人人适宜的。胃酸过多或者是有胃病的人要格外注意,可以考虑将醋混在其他食

物中，而不是直接喝，减少对胃的刺激。特别提醒糖尿病患者不要喝含糖量较高的保健醋、果醋，正在服用可能与醋发生作用药物(包括中药、西药)的人最好不要依靠“醋疗”保健。

心血管疾病患者想通过简单的“醋疗”这种捷径获得健康是不现实的。日常生活中还应该注意健康饮食和食物多样化，戒烟戒酒和合理运动，并保证充足睡眠。

二十六、要吃鱼油吗

经常有心血管疾病患者会问，亲戚国外旅游带回很多鱼油保健品，能不能吃？20 世纪 70～90 年代，有很多研究发现，经常吃脂肪比较多的鱼(例如三文鱼、金枪鱼、沙丁鱼)的人得心血管疾病的风险比较低。对地中海饮食的各项研究基本上也得出了同样的结果。进一步的研究认为，这些鱼含有比较丰富的 ω－3 脂肪酸，对心血管能够起到保护作用。但是很多人不习惯吃鱼，或者没有条件吃鱼，所以市面上就有了鱼油保健品。美国心脏协会曾建议，冠心病患者每天应该摄入 1 g ω－3 脂肪酸，最好靠吃鱼来补充，也可以吃鱼油胶囊。有临床试验发现口服鱼油胶囊对防止冠心病患者心脏病发作并无好处。所以，美国心脏协会降低了推荐等级，不再建议吃鱼油胶囊预防心脏病。

2012—2015 年连续发表的多项汇总分析都表明补充鱼油对心血管疾病具有预防作用的说法证据不充分。这些研究都是对大量临床试验数据整合分析得出的结论，对已患有心脏疾病的患者，服用鱼油并不会降低心血管疾病的概率。

2019 年 1 月，发表在顶级医学期刊《新英格兰医学杂志》，由美国国家卫生院资助的一项大规模随机双盲对照临床试验的研究表明，人体额外补充鱼油并不能预防心血管疾病。这项试验针对的是普通人群，总共有近 25 871 名 50 岁以上的美国人参与。他们

同时试验鱼油和维生素 D 对预防心血管疾病和癌症的作用，把试验对象随机分成 4 组，一组每天吃 1 g 鱼油和 2 000 国际单位维生素 D，一组吃鱼油和安慰剂，一组吃维生素 D 和安慰剂，一组只吃安慰剂。试验的时间平均 5 年多。结果发现，这 4 组的心血管疾病发病率、癌症发病率、癌症病死率没有区别，表明不管是吃鱼油，还是吃维生素 D，对预防心血管疾病、癌症、癌症死亡，都没有作用。

从健康的角度上说，吃鱼要比吃鱼油更好。除了鱼油之外，鱼还提供优质的蛋白、维生素、矿物质等营养素。而且，其中的饱和脂肪酸很低，这对于心血管健康也有额外的好处。所以，吃鱼是比吃鱼油更好的选择。我们还是学习地中海饮食，多吃鱼吧。

主要参考文献

[1] Lorgeril M de, Renaud S, Mamelle N, et al. Mediterranean alpha-linolenic acid-rich diet in secondary prevention of coronary heart disease [J]. Lancet, 1994,343(8911): 1454 - 1459.

[2] Willett WC, Sacks F, Trichopoulou A, et al. Mediterranean diet pyramid: a cultural model for healthy eating[J]. Am J Clin Nutr, 1995, 61(6 Suppl): S1402 - S1406.

[3] Scarmeas N, Stern Y, Tang MX, et al. Mediterranean diet and risk for Alzheimer's disease[J]. Ann Neurol, 2006,59(6): 912 - 921.

[4] Mente A, Koning Lde, Shannon HS, et al. A systematic review of the evidence supporting a causal link between dietary factors and coronary heart disease[J]. Arch Intern Med, 2009,169(7): 659 - 669.

[5] Kastorini CM, Milionis HJ, Esposito K, et al. The effect of Mediterranean diet on metabolic syndrome and its components: a meta-analysis of 50 studies and 534,906 individuals[J]. J Am Coll Cardiol, 2011,57(11): 1299 - 1313.

[6] Kesse-Guyot E, Ahluwalia N, Lassale C, et al. Adherence to Mediterranean diet reduces the risk of metabolic syndrome: a 6-year prospective study[J]. Nutr Metab Cardiovasc Dis, 2013,23(7): 677 - 683.

[7] Rossi M, Turati F, Lagiou P, et al. Mediterranean diet and glycaemic load in relation to incidence of type 2 diabetes: results from the Greek cohort of the population-based European Prospective Investigation into Cancer and Nutrition (EPIC)[J]. Diabetologia, 2013,56(11): 2405 -

2413.

[8] Chan R, Chan D, Woo J. The association of a priori and a posterior dietary patterns with the risk of incident stroke in Chinese older people in Hong Kong[J]. J Nutr Health Aging, 2013,17(10): 866 - 874.

[9] Estruch R, Ros E, Salas-Salvadó J, et al. Primary prevention of cardiovascular disease with a Mediterranean diet[J]. N Engl J Med, 2013,368(14): 1279 - 1290.

[10] Sofi F, Casini A. Mediterranean diet and non-alcoholic fatty liver disease: New therapeutic option around the corner[J]. World J gastroenterol, 2014,20(23): 7339.

[11] Schröder H, Salas-Salvadó J, Martínez-González MA, et al. Baseline adherence to the Mediterranean diet and major cardiovascular events: Prevención con Dieta Mediterránea trial[J]. JAMA Internl Med, 2014, 174(10): 1690 - 1692.

[12] García-Fernández E, Rico-Cabanas L, Rosgaard N, et al. Mediterranean diet and cardiodiabesity: a review[J]. Nutrients, 2014,6(9): 3474 - 3500.

[13] Sleiman D, Al-Badri MR, Azar ST. Effect of mediterranean diet in diabetes control and cardiovascular risk modification: a systematic review [J]. Front Public Health, 2015,3: 69.

[14] Schwingshackl L, Missbach B, König J, et al. Adherence to a Mediterranean diet and risk of diabetes: a systematic review and meta-analysis[J]. Public Health Nutr, 2015,18(7): 1292 - 1299.

[15] Schwingshackl L, Hoffmann G. Mediterranean dietary pattern, inflammation and endothelial function: a systematic review and meta-analysis of intervention trials[J]. Nutr Metab Cardiovasc Dis, 2014,24 (9): 929 - 939.

[16] Huo R, Du T, Xu Y, et al. Effects of Mediterranean-style diet on glycemic control, weight loss and cardiovascular risk factors among type 2 diabetes individuals: a meta-analysis[J]. Eur J Clin Nutr, 2015,69 (11): 1200.

[17] Schwingshackl L, Hoffmann G. Adherence to Mediterranean diet and risk of cancer: an updated systematic review and meta-analysis of

observational studies[J]. Cancer Med, 2015,4(12): 1933 - 1947.

[18] Esposito K, Maiorino MI, Bellastella G, et al. A journey into a Mediterranean diet and type 2 diabetes: a systematic review with meta-analyses. BMJ Open, 2015,5(8): e008222.

[19] Lau KK, Wong YK, ChanYH, et al. Mediterranean-style diet is associated with reduced blood pressure variability and subsequent stroke risk in patients with coronary artery disease[J]. Am J Hypertens, 2014, 28(4): 501 - 507.

[20] Estruch R, Martínez-González MA, Corella D, et al. Effect of a high-fat Mediterranean diet on bodyweight and waist circumference: a prespecified secondary outcomes analysis of the PREDIMED randomised controlled trial[J]. Lancet Diabetes Endocrinol, 2016,4(8): 666 - 676.

[21] Forouzanfar MH, Afshin A, Alexander LT, et al. Global, regional, and national comparative risk assessment of 79 behavioural, environmental and occupational, and metabolic risks or clusters of risks, 1990 - 2015: a systematic analysis for the Global Burden of Disease Study 2015 [J]. Lancet, 2016,388(10053): 1659 - 1724.

[22] Tong TY, Wareham NJ, Khaw KT, et al. Prospective association of the Mediterranean diet with cardiovascular disease incidence and mortality and its population impact in a non-Mediterranean population: the EPIC-Norfolk study[J]. BMC Med, 2016,14(1): 135.

[23] Liyanage T, Ninomiya T, Wang A, et al. Effects of the Mediterranean diet on cardiovascular outcomes—a systematic review and meta-analysis [J]. PLoS One, 2016,11(8): e0159252.

[24] Di Daniele N, Noce A, Vidiri MF, et al. Impact of Mediterranean diet on metabolic syndrome, cancer and longevity[J]. Oncotarget, 2017,8 (5): 8947 - 8979.

[25] Donovan MG, Selmin OI, Doetschman TC, et al. Mediterranean diet: prevention of colorectal cancer[J]. Front Nutr, 2017,4: 59.

[26] Romagnolo DF, Selmin OI. Mediterrnean diet and prevention of chronic diseases[J]. Nutr Today, 2017,52(5): 208.

[27] Schwingshackl L, Schwedhelm C, Galbete C, et al. Adherence to Mediterranean diet and risk of cancer: an updated systematic review and

meta-analysis[J]. Nutrients, 2017,9(10): 1063.

[28] Wu L, Sun D. Adherence to Mediterranean diet and risk of developing cognitive disorders: an updated systematic review and meta-analysis of prospective cohort studies[J]. SciRep, 2017,7: 41317.

[29] Aridi Y, Walker J, Wright O. The association between the Mediterranean dietary pattern and cognitive health: a systematic review [J]. Nutrients, 2017,9: 674.

[30] Vitale M, Masulli M, Calabrese I, et al. Impact of a Mediterranean dietary pattern and its components on cardiovascular risk factors, glucose control, and body weight in people with type 2 diabetes: a real-life study [J]. Nutrients, 2018,10(8): 1067.

[31] Godos J, Zappalà G, Bernardini S, et al. Adherence to the Mediterranean diet is inversely associated with metabolic syndrome occurrence: a meta-analysis of observational studies[J]. Int J Food Sci Nutr, 2017,68(2): 138 - 148.

[32] Johansson K, Askling J, Alfredsson L, et al. Mediterranean diet and risk of rheumatoid arthritis: a population-based case-control study. Arthritis Res Ther[J], 2018,20(1): 175.

[33] Ahmad S, Moorthy MV, Demler OV, et al. Assessment of Risk Factors and Biomarkers Associated With Risk of Cardiovascular Disease Among Women Consuming a Mediterranean Diet[J]. JAMA Netw Open, 2018,1(8): e185708.

[34] Estruch R, Ros E, Salas-Salvadó J, et al. Primary prevention of cardiovascular disease with a Mediterranean diet supplemented with extra-virgin olive oil or nuts[J]. N Engl J Med, 2018,378(25): e34.

[35] Jennings A, Cashman KD, Gillings R, et al. A Mediterranean-like dietary pattern with vitamin D3(10 μg/d) supplements reduced the rate of bone loss in older Europeans with osteoporosis at baseline: results of a 1-y randomized controlled trial[J]. Am J Clin Nutr, 2018, 108(3): 633 - 640.

[36] O'Connor LE, Paddon-Jones D, Wright AJ, et al. A Mediterranean-style eating pattern with lean, unprocessed red meat has cardiometabolic benefits for adults who are overweight or obese in a randomized,

crossover, controlled feeding trial[J]. Am J Clin Nutr, 2018,108(1): 33-40.

[37] Dehghan M, Mente A, Rangarajan S, et al. Association of dairy intake with cardiovascular disease and mortality in 21 countries from five continents (PURE): a prospective cohort study[J]. Lancet, 2018,392(10161): 2288-2297.

[38] 陈钰仪,刘雪琴. 地中海饮食对2型糖尿病病人的保护机制[J]. 护理研究,2009,23(4): 986-987.

[39] 韦加. 地中海饮食之精髓——橄榄油[J]. 中国食品,2009,9: 22-24.

[40] 范志红. 餐桌上的营养智慧[M]. 长春: 吉林科学技术出版社,2012.

[41] 王兴国. 八大平衡决定健康[M]. 北京: 人民军医出版社,2012.

[42] 赵媛媛. 地中海饮食能不能采纳[M]. 中国食品,2012,4: 26-27.

[43] 戚韵雯,晏勇. 地中海饮食与痴呆预防的研究进展[J]. 重庆医学,2013,8: 949-951.

[44] 高键. 盐与健康[M]. 上海: 上海科学普及出版社,2013.

[45] 陈小芳,李乐之. 地中海饮食对心血管疾病的保护效应[J]. 当代护士(学术版),2014,8: 1-4.

[46] 葛声. 地中海饮食如何在中国落地[J]. 糖尿病天地·临床,2015,9(2): 84-86.

[47] 中国营养学会. 中国居民膳食指南[M]. 北京: 人民卫生出版社,2016.

[48] 范银萍,宫尚群,李璐琪,等. 地中海饮食在国内外的应用进展[J]. 护理研究,2017,31(5): 4480-4483.

致 谢

《28天吃出心健康——中国本土化地中海饮食》终于与大家见面了。感谢葛均波院士为本书写序及寄语，感谢微创®对本书的友情资助，给广大群众提供科学健康的饮食方法。同时，感谢复旦大学出版社编辑们的努力为本书增添了光彩。

在此，特别感谢复旦大学附属中山医院心内科心脏康复团队和营养科营养师团队对本书编纂工作的大力支持。本书编写团队大多来自临床一线的医务人员，他们将多年来广大群众遇到的各种饮食问题，以通俗易懂的文字配合插图的形式奉献给大家，向广大群众传递科学、健康、营养、多元化的均衡膳食食谱。相信通过科学饮食能使身体保持最佳的健康状态。愿读者通过这本书收获健康。

附　录

部分菜肴制作

（一）番茄龙利鱼

配料：番茄　1个
龙利鱼　200 g
姜丝　适量
盐　适量
糖　适量
橄榄油　2 g
黑胡椒　适量
淀粉　2勺

龙利鱼解冻后用厨房纸吸干水分，切成块，加入适量橄榄油、少量黑胡椒、姜丝腌制15分钟

番茄顶上用刀划十字、放在沸水中烫一下，这样很容易去皮

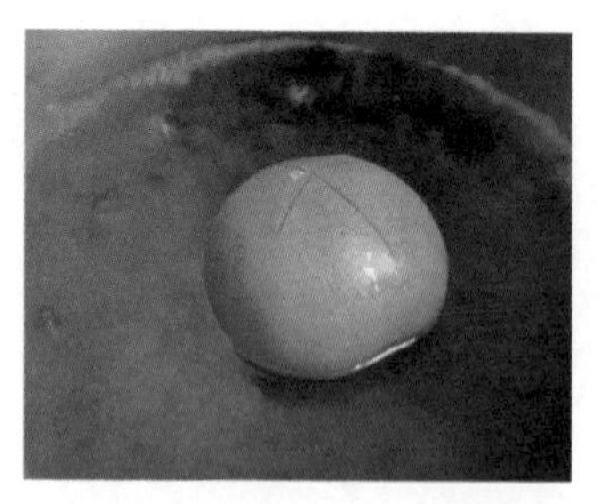

去皮的番茄切成小块备用

腌制好的鱼肉放在沸水中烫熟，捞出备用

锅烧热后倒入适量油，放入切好的番茄，中火不断翻炒

番茄炒出汁后加入小半碗水，水沸后放入煮熟的龙利鱼块，煮 2 分钟左右

小半碗水和淀粉混合成水淀粉，倒入锅中武火煮沸，收汁浓稠，然后加适量盐、糖调味出锅

出锅啦！酸甜浓厚的汤汁和嫩滑的鱼肉，美味挡不住

（二）秋葵蒸蛋

配料：

鸡蛋	2 个
秋葵	3 根
盐	适量
酱油	适量
温水	小半碗

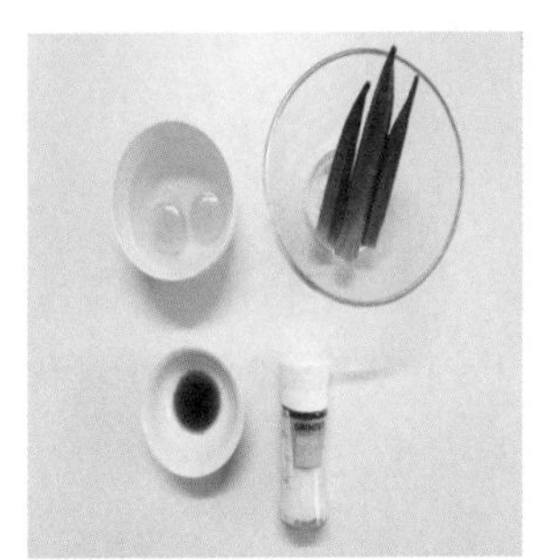

鸡蛋洗净打散，加温水，边加边搅拌

搅拌均匀，用滤网过滤，撇去泡泡

秋葵切片，放在鸡蛋液上面，碗的外面盖一层保鲜膜（这是让鸡蛋羹嫩滑的小窍门）

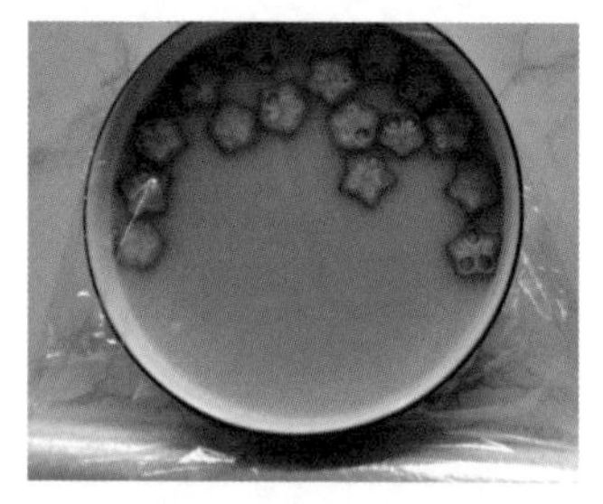

蒸锅水开后，鸡蛋液放在笼屉上，武火蒸 8 分钟（具体时间根据容器大小决定）

（三）秋葵虾仁

配料：虾仁　　250 g
　　　秋葵　　200 g
　　　蒜末　　适量
　　　盐　　　2 g
　　　橄榄油　适量
　　　黑胡椒　适量

取秋葵适量，切去顶端较老的部分，切好的秋葵在沸水中焯 20 秒，捞出后过冷水

虾仁洗干净，加入淀粉、盐、黑胡椒、料酒腌制 10 分钟

热锅冷油，蒜末炒香，放入虾仁炒至变色，再加入秋葵段，翻炒均匀，出锅前加入适量盐调味。装盘即可

（四）迷迭香烤羊排

配料：羊排　250 g
橄榄油　适量
海盐　2 g
黑胡椒　适量
百里香粉　适量（可根据自己口味添加喜好的调料）

羊排洗干净，放入黑胡椒、海盐、百里香粉、孜然粉，用筷子拌匀腌制30分钟

用锡纸把烤盘包好，刷上一层橄榄油，放入腌制好的羊排，烤箱220℃，预热5分钟

220℃烤 20 分钟(羊排比较薄,20 分钟即可,如羊排比较厚,可自行调整时间)。最后撒上调味粉即可

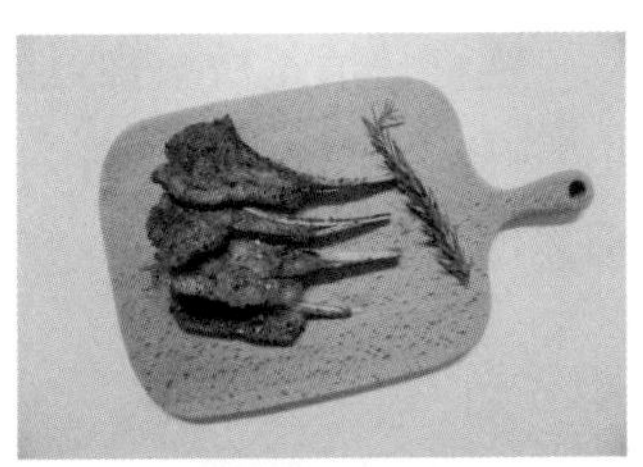

(五)罗宋汤

配料:		
	牛腩	200 g
	番茄	200 g
	土豆	200 g
	淀粉	2 勺
	番茄酱	2 勺
	圆白菜	100 g
	洋葱	100 g
	橄榄油	适量
	盐	2 g

牛腩切小块过沸水后取出重新加入清水煮炖 2 小时,直至熟软。洋葱、土豆、去皮番茄、圆白菜切块

锅内放适量橄榄油，加洋葱煸炒出香味，放入土豆、圆白菜、番茄、番茄酱继续翻炒

牛肉连同肉汤一起倒入锅中，继续炖煮半小时以上，等土豆变软即可

另起一锅，待水分烧干不放油，放入面粉，文火炒至微黄，倒入牛肉锅中搅拌，继续煮半小时，出锅前加盐调味即可

（六）蒜蓉粉丝扇贝

配料：		
	扇贝	200 g
	粉丝	20 g
	蒜泥	适量
	小米椒	适量(也可以不放)
	橄榄油	适量
	蒸鱼豉油	适量
	葱	1根

将扇贝去掉黑色内脏和沙包，清洗干净，只留扇贝肉和黄色的扇贝黄（如果不吃黄可以去掉）。将贝肉用刀取下，放入小碗中，加入料酒去腥

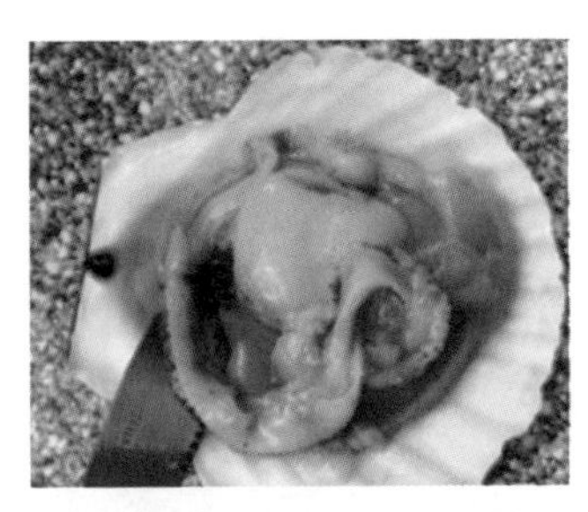

再将贝壳用刷子刷干净

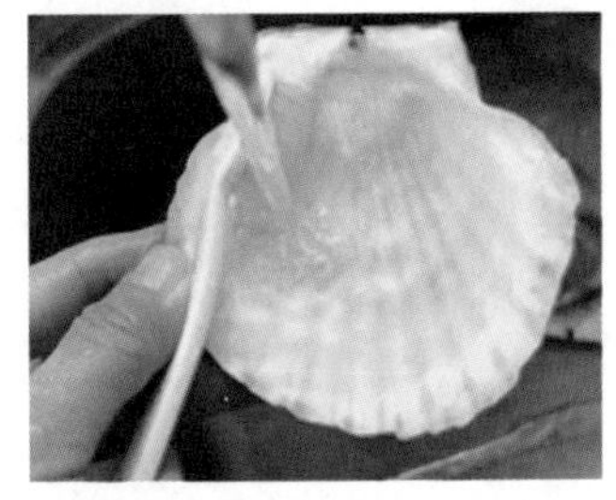

将粉丝泡水中使其变软，用筷子卷起来铺在贝壳底部，粉丝上摆上扇贝肉

热锅冷油，加入蒜泥炒香，变金黄色即可。将炒好的蒜蓉盛入碗中，调入蒸鱼豉油、小米椒（也可不放）

将蒜蓉酱铺在扇贝上，并淋一点炸了蒜蓉的油在上面

将扇贝放在锅中蒸五六分钟。最后在蒸好的扇贝上撒点葱花、淋上热油即可

（七）蒜蓉粉丝大虾

配料：		
	大虾	250 g
	粉丝	1 小把
	蒸鱼豉油	适量
	小米椒	1 根
	蒜泥	适量
	橄榄油	适量
	葱	1 根

大虾洗净，剪去须脚，用剪刀把背部打开取出虾线。并用菜刀在虾背上划一刀。粉丝用水泡软，铺在碗底，再把开好背的虾铺在粉丝上

锅内放入橄榄油，将蒜末放入，炒香，直至金黄色即可；再放入蒸鱼豉油、小米椒（也可不放）调味成为蒜蓉汁。将烧好的蒜蓉汁用汤匙浇盖在虾的开背处以及粉丝上

锅内水烧沸将虾盘放入，加锅盖中火蒸 5 分钟。取出虾盘撒上葱花，锅内再烧热 1 勺油，趁热淋在香葱上即可

（八）香菇蒸银鳕鱼

配料：		
	银鳕鱼	200 g
	云南香菇	1 只
	红椒	1 根
	蒸鱼豉油	适量
	盐	2 g
	黑胡椒	适量

把鳕鱼洗净，沥干水分。香菇洗净，去蒂，切成薄片

取个小碗，加入蒸鱼豉油、料酒、少许盐，搅拌均匀，做成酱汁。小辣椒洗净切碎，待用。把鳕鱼放入盘中，把切好的香菇放鳕鱼上，均匀浇上调好的酱汁，放入锅中武火蒸 6 分钟

关火后，撒入红辣椒，盖上盖子焖 2 分钟即可。如此简单，不需要油、不需要过多厨具，就可以轻松享用健康美食啦

（九）彩椒炒鸡丁杏鲍菇

配料：		
	鸡胸肉	200 g
	杏鲍菇	50 g
	红椒	1 个
	青椒	1 个
	黄椒	1 个
	酱油	适量
	黑胡椒	适量
	盐	2 g

鸡胸、彩椒、杏鲍菇洗净，切块，备用

热锅冷油，下鸡胸肉，文火炒至变色，盛出

最后，倒入酱油、黑胡椒、少量白糖，武火猛炒，收汁出锅即可

（十）鳕鱼豆腐汤

配料：		
	鳕鱼	200 g
	老豆腐	200 g
	生抽	少许
	黑胡椒	适量
	葱、姜、蒜	适量

鳕鱼洗净、擦干，将葱、姜、蒜切小块备用，鳕鱼切小块加入姜丝、黑胡椒腌制

热锅冷油，将葱、姜、蒜下锅炒出香气。加入鳕鱼块继续翻炒至变色，加入汤（或者矿泉水），加入豆腐

炖煮过程中加入盐、生抽、黑胡椒调味。最后装盘出锅（鳕鱼不用煮太久，8～10分钟就可以了，否则肉质会变硬。判断是否煮熟，可以用筷子轻轻夹一下，如果很容易夹碎就证明煮熟了）

（十一）白菜豆腐汤

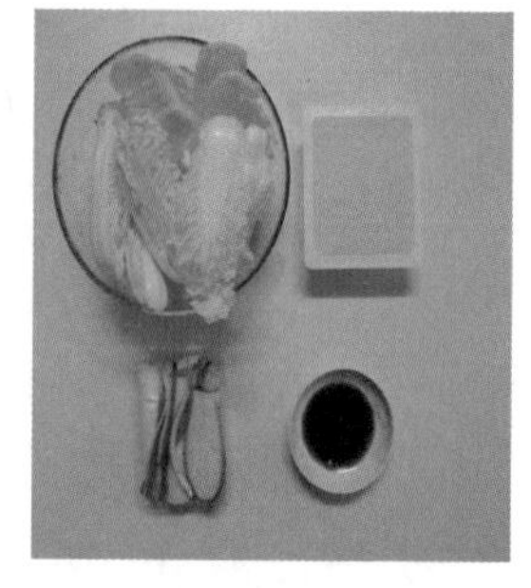

配料：		
	白菜	250 g
	豆腐	1块
	生抽	适量
	葱姜	适量

锅内加入足量水烧沸，下白菜、焯过水的豆腐、姜片，煮至沸腾

最后加入适量盐、生抽，继续文火煮 10 分钟左右，关火前可以滴几滴香油即可

（十二）柠汁煎鳕鱼

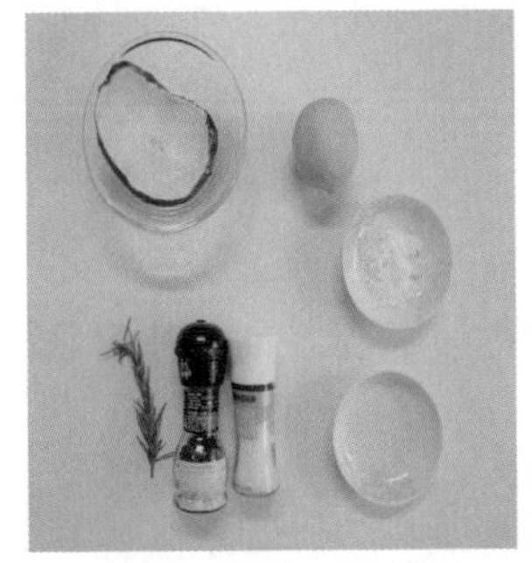

配料：		
	鳕鱼	200 g
	柠檬	半个
	淀粉	2 勺
	百里香	1 根
	橄榄油	适量
	盐	2 g
	黑胡椒	适量

鳕鱼洗净，用厨房纸擦干，挤上几滴柠檬汁、料酒、盐、黑胡椒腌制 15 分钟

热锅冷油，放入腌制过的鳕鱼，两面煎至金黄出锅

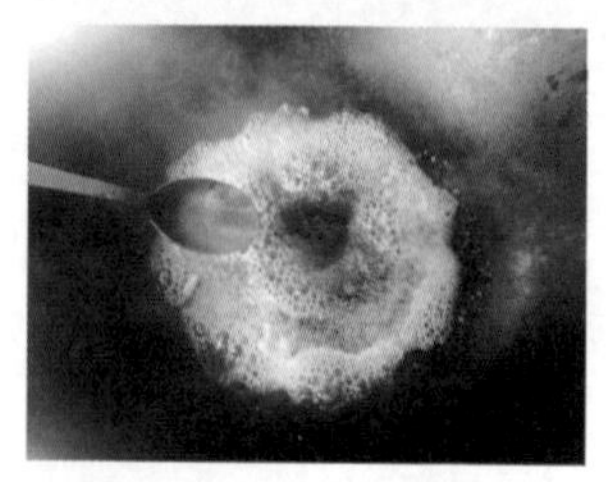

另起一锅，加入柠檬汁、白砂糖，收汁浓稠

将做好的酱汁装盘即可

（十三）番茄炖牛腩

配料：		
	牛腩	250 g
	番茄	2个
	葱、姜	适量
	盐	2 g
	酱油	1勺
	橄榄油	适量
	冰糖	适量

牛腩洗净后焯水 3～5 分钟，去血水。番茄切小块，备用。热锅冷油，将葱、姜放入锅中炒香，放入番茄煸软

放入焯过水的牛腩，翻炒之后加入清水、冰糖和盐、酱油，炖煮 2 小时即可

（十四）红烧鸡腿

配料：		
	琵琶腿	6 个
	橄榄油	适量
	盐	2 g
	酱油	适量
	蚝油	适量
	香叶	3 片
	茴香	2 个
	冰糖	少许
	葱、姜	适量

鸡腿洗净，用厨房用纸擦干，划几刀使它能更入味。用酱油、料酒、盐，腌制 10 分钟

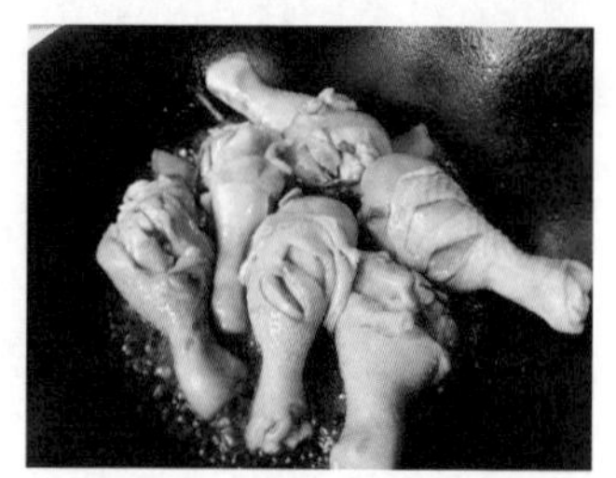

热锅冷油，将葱、姜放入煸炒出香味，放入鸡腿爆炒 3～5 分钟。鸡腿有香味之后放入 2 大勺酱油及适量冰糖

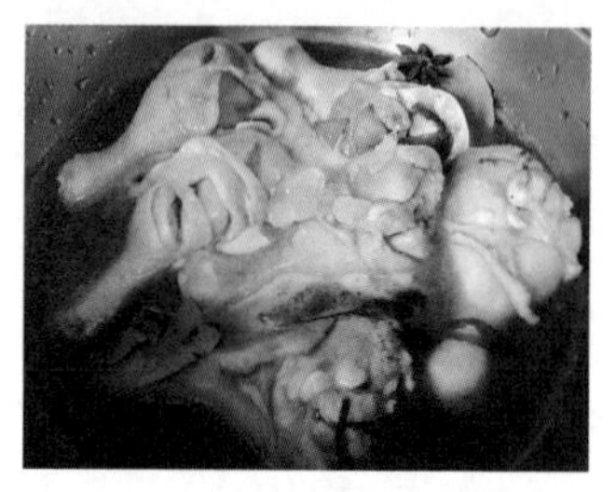

放入 1 小碗水。文火炖煮，20 分钟左右，等水比较少了，开武火收汁（最后几分钟要看着防止水烧干糊锅）

最后，可根据自己口味添加香料，如茴香、香叶等。出锅装盘即可

图书在版编目(CIP)数据

28 天吃出心健康:中国本土化地中海饮食/高键,弭守玲主编.—上海:
复旦大学出版社,2021.9(2022.8 重印)
ISBN 978-7-309-15043-8

Ⅰ.①2… Ⅱ.①高… ②弭… Ⅲ.①保健-食谱 Ⅳ.①TS972.161

中国版本图书馆 CIP 数据核字(2020)第 077525 号

28 天吃出心健康:中国本土化地中海饮食
高 键 弭守玲 主编
责任编辑/贺 琦

复旦大学出版社有限公司出版发行
上海市国权路 579 号 邮编:200433
网址:fupnet@fudanpress.com http://www.fudanpress.com
门市零售:86-21-65102580 团体订购:86-21-65104505
出版部电话:86-21-65642845
上海丽佳制版印刷有限公司

开本 890×1240 1/32 印张 9.375 字数 227 千
2021 年 9 月第 1 版
2022 年 8 月第 1 版第 2 次印刷

ISBN 978-7-309-15043-8/T·670
定价:80.00 元